DEUTSCHE DEMOKRATISCHE REPUBLIK
DEUTSCHE AKADEMIE
DER LANDWIRTSCHAFTSWISSENSCHAFTEN ZU BERLIN

ARCHIV FÜR GEFLÜGELZUCHT UND KLEINTIERKUNDE

Begründet als „ARCHIV FÜR GEFLÜGELKUNDE“
im Jahre 1926 von JAN GERRIETS

AKADEMIE-VERLAG · BERLIN

1964 · 13. BAND

Das Archiv für Geflügelzucht und Kleintierkunde erscheint in Heften mit einem Umfang von je 4 Druckbogen (64 Seiten). Die innerhalb eines Jahres herausgegebenen 6 Hefte bilden einen Band. Das letzte Heft eines Bandes enthält Inhalts-, Autoren- und Sachverzeichnis.

Der Bezugspreis je Heft beträgt 5,— MDN.

Die Schriftleitung nimmt nur Manuskripte an, deren Gesamtumfang 25 Schreibmaschinenseiten nicht überschreitet und die bisher noch nicht, auch nicht in anderer Form, im In- oder Ausland veröffentlicht wurden. Jeder Arbeit ist eine Zusammenfassung mit den wichtigsten Ergebnissen (nicht länger als 20 Zeilen), wenn möglich auch in russischer und englischer bzw. französischer Sprache, beizufügen. Gegebenenfalls erfolgt die Übersetzung in der Akademie.

Manuskripte sind zu senden an den Chefredakteur: Dr. Joachim Engelhard, Inst. f. Geflügelzucht Rottenau der Deutschen Akademie der Landwirtschaftswissenschaften zu Berlin, Rottenau, Post Loburg.

Die Autoren erhalten Umbruchabzüge zur Korrektur mit befristeter Terminstellung. Bei Nichteinhaltung der Termine erteilt die Redaktion Imprimatur.

Für jede Arbeit werden unentgeltlich 100 Sonderdrucke geliefert. Das Honorar beträgt 40,— MDN je Druckbogen und schließt auch die Urheberrechte für das Bildmaterial ein. Dissertationen, auch gekürzte bzw. geänderte, werden nicht honoriert.

Verlag: Akademie-Verlag GmbH, Berlin W 8, Leipziger Straße 3—4, Fernruf: 220441. Telex-Nr. 011773. Postscheckkonto: Berlin 35021. Bestellnummer dieses Verzeichnisses: 1041/13.

Veröffentlicht unter der Lizenznummer 1277 des Presseamtes beim Vorsitzenden des Ministerrates der Deutschen Demokratischen Republik.

Gesamtherstellung: VEB Druckerei „Thomas Müntzer" Bad Langensalza.

Inhaltsverzeichnis

Buchbesprechungen

Autorenverzeichnis

Sachverzeichnis

DEUTSCHE DEMOKRATISCHE REPUBLIK
DEUTSCHE AKADEMIE
DER LANDWIRTSCHAFTSWISSENSCHAFTEN ZU BERLIN

ARCHIV FÜR GEFLÜGELZUCHT UND KLEINTIERKUNDE

AKADEMIE-VERLAG · BERLIN

THEORIA CUM PRAXI

1964 · 13. BAND · HEFT 1

Herausgeber: Deutsche Demokratische Republik · Deutsche Akademie der Landwirtschaftswissenschaften zu Berlin

Chefredakteur: Dr. JOACHIM ENGELHARD

Das Archiv für Geflügelzucht und Kleintierkunde erscheint in Heften mit einem Umfang von je 4 Druckbogen (64 Seiten). Die innerhalb eines Jahres herausgegebenen 6 Hefte bilden einen Band. Das letzte Heft eines Bandes enthält Inhalts-, Autoren- und Sachverzeichnis.

Der Bezugspreis je Heft beträgt 5,— DM.

Die Schriftleitung nimmt nur Manuskripte an, deren Gesamtumfang 25 Schreibmaschinenseiten nicht überschreitet und die bisher noch nicht, auch nicht in anderer Form, im In- oder Ausland veröffentlicht wurden. Jeder Arbeit ist eine Zusammenfassung mit den wichtigsten Ergebnissen (nicht länger als 20 Zeilen), wenn möglich auch in russischer und englischer bzw. französischer Sprache, beizufügen. Gegebenenfalls erfolgt die Übersetzung in der Akademie.

Manuskripte sind zu senden an den Chefredakteur: Dr. JOACHIM ENGELHARD, Institut für Geflügelzucht Rottenau der Deutschen Akademie der Landwirtschaftswissenschaften zu Berlin, Rottenau, Post Loburg.

Die Autoren erhalten Umbruchabzüge zur Korrektur mit befristeter Terminstellung. Bei Nichteinhaltung der Termine erteilt die Redaktion Imprimatur.

Für jede Arbeit werden unentgeltlich 100 Sonderdrucke geliefert. Das Honorar beträgt 40,— DM je Druckbogen und schließt auch die Urheberrechte für das Bildmaterial ein. Dissertationen, auch gekürzte bzw. geänderte, werden nicht honoriert.

Verlag: Akademie-Verlag GmbH, Berlin W 8, Leipziger Straße 3—4, Fernruf: 220441. Telex-Nr. 011773. Postscheckkonto: Berlin 35021. Bestellnummer dieses Heftes: 1041/13/1.

Veröffentlicht unter der Lizenznummer 1277 des Presseamtes beim Vorsitzenden des Ministerrates der Deutschen Demokratischen Republik.

Gesamtherstellung: VEB Druckerei „Thomas Müntzer" Bad Langensalza.

DEUTSCHE DEMOKRATISCHE REPUBLIK
DEUTSCHE AKADEMIE
DER LANDWIRTSCHAFTSWISSENSCHAFTEN ZU BERLIN

ARCHIV FÜR GEFLÜGELZUCHT UND KLEINTIERKUNDE

Begründet als „ARCHIV FÜR GEFLÜGELKUNDE"
im Jahre 1926 von JAN GERRIETS

AKADEMIE-VERLAG · BERLIN

1964 · 13. BAND · HEFT 1

Situationsberichte über die Bienenzucht, Edelpelztierzucht, Ziegen-, Kaninchen- und Seidenraupenzucht

Gehalten vor der Arbeitsgemeinschaft „Kleintierzucht" der Sektion Tierzucht, Tierernährung und Fischerei der Deutschen Akademie der Landwirtschaftswissenschaften zu Berlin am 15. Juni 1962

Inhalt

Vorwort

Die Kleintierzucht ist für die Versorgung unserer Bevölkerung mit Nahrungsmitteln und Rohstoffen von großer Bedeutung. Es ist deshalb sehr zu begrüßen, daß im Rahmen der Sektion „Tierzucht, Tierernährung und Fischerei" der Deutschen Akademie der Landwirtschaftswissenschaften zu Berlin neben der bereits bestehenden Arbeitsgemeinschaft „Geflügelzucht" eine weitere Arbeitsgemeinschaft „Kleintierzucht" gegründet wurde, in der aktuelle Probleme der Bienenzucht, Edelpelztierzucht, Ziegen-, Kaninchen- und Seidenraupenzucht behandelt werden sollen.

26 Kolleginnen und Kollegen aus der Praxis und aus wissenschaftlichen Instituten haben sich zur Mitarbeit bereit erklärt; mit der Leitung wurde Dr. K. Löhle beauftragt.

In der Arbeitsgemeinschaft „Kleintierzucht" sind 5 Arbeitsgruppen tätig, deren Federführung übernommen haben:

Dr. Oschmann, Tälermühle b. Stadtroda	Bienenzucht,
Dr. Reck, Plau-Appelburg	Edelpelztierzucht,
Dr. Löhle, Jena	Ziegenzucht,
Prof. Dr. Lützenberg, Berlin	Kaninchenzucht,
Frl. Dipl.-Landwirt Hense, Jena	Seidenraupenzucht.

Die Arbeitsgemeinschaft hatte sich u. a. die Aufgabe gestellt, zunächst „Situationsberichte" über die einzelnen Tierzuchtzweige anzufertigen.

In der vorliegenden Arbeit sind die Berichte über die verschiedenen Zweige der Kleintierzucht dargestellt. Gleichzeitig erlauben wir uns, Maßnahmen aufzuzeigen, die nach unserer Auffassung zur Leistungssteigerung führen.

Bei der Einschätzung der Tätigkeit der Kleintierzüchter darf man nicht vergessen, daß in vielen Fällen die geschaffenen Werte durch Feierabendbeschäftigung entstanden sind und Futtermittel genutzt werden, die sonst der Verwertung verlorengehen.

Man mag geteilter Meinung sein, ob in einer wissenschaftlichen Zeitschrift — wie das Archiv für Geflügelzucht und Kleintierkunde — Situationsberichte oder ähnliche Probleme behandelt werden sollten, oder ob Berichte dieser Art auf anderem Wege zu veröffentlichen sind.

Auf alle Fälle ist es unser Wunsch, daß die Arbeit dazu beitragen möge, den Leistungsgedanken in der Kleintierzucht zu fördern und einen möglichst fruchtbaren Gedankenaustausch auszulösen.

Bericht über den Stand der Bienenzucht in der Deutschen Demokratischen Republik

0. Volkswirtschaftliche Bedeutung und weitere Entwicklung der Bienenzucht

Die Bienenzucht ist ein Tierzuchtzweig, bei dem der indirekte Nutzen durch Bestäubung insektenblütiger Nutzpflanzen weit höher zu veranschlagen ist als der durch Gewinnung von Honig, Wachs und Bienengift erzielte direkte Nutzen. Auf Grund ihres Körperbaues und ihrer Lebensweise und der Möglichkeit, die Bienenvölker an die zu bestäubenden Kulturen zu transportieren, sind die Bienen hervorragend zur Blütenbestäubung befähigt. Sie sind deshalb für die Steigerung der Erträge im Obst-, Ölfrucht- und Samenbau von großer Bedeutung.

Erträge verschiedener Obstarten mit und ohne Insektenbestäubung (Aus Ergebnissen verschiedener Untersucher)

Fruchtart	Obstertrag mit Insektenbestäubung dt/ha	Obstertrag ohne Insektenbestäubung dt/ha	Mehrertrag durch Bienenbestäubung in DM/ha	Ertragssteigerungsfaktor bei Insektenbestäubung
Apfel	60	7,2	3500,–	8
Birne	70	6,3	4100,–	19
Kirsche (selbststerile Sorten)	60	0,7	5900,–	80
Pflaume (sortenweise unterschiedlich) durchschnittlich	75	8	3000,–	9
Stachelbeere (sortenweise unterschiedlich) durchschnittlich	100	57	2500,–	2
Schwarze Johannisbeere	50	21	4900,–	2

Erträge verschiedener landwirtschaftlicher Nutzpflanzen mit und ohne Bienenbestäubung (nach vorläufigen Ergebnissen des Instituts für Geflügel- und Pelztierzucht, Abt. Bienenkunde, der Humboldt-Universität zu Berlin)

Fruchtart	Samenerträge mit Bienenbeflug dt/ha	Samenerträge ohne Bienenbeflug dt/ha	Mehrertrag durch Bienenbeflug in DM/ha	Ertragssteigerungsfaktor bei Bienenbeflug
Rotklee	2	0,2	1100,–	9,0
Luzerne	2	0,4	1900,–	4,8
Weißklee	2	0,4	1300,–	7,1
Inkarnatklee	7	0,6	2200,–	11,9
Steinklee	12	0,4	3500,–	31,5
Hornklee	3	0,3	2100,–	10,4
Schwedenklee	2	0,1	1000,–	26,3
Serradella	6	2,2	750,–	2,7
Winterraps	18	10,6	750,–	1,7
Senf	12	7,5	450,–	1,6
Phacelia	3	1,0	1200,–	3,1

Die angeführten Zahlen sind ein Beweis für die Steigerung der Erträge zahlreicher Nutzpflanzen durch Bienenbeflug. Auch bei einer Reihe weiterer landwirtschaftlicher und gärtnerischer Nutzpflanzen, wie Winterwicken, Ackerbohnen, zahlreicher Heil- und Gewürzpflanzen und weiterer Obstarten, sind nach Bestäubung höhere Ernten zu erwarten. Auch sind hohe Gemüsesamenerträge ohne intensiven Bienenbeflug kaum möglich. Für die rechtzeitige Schädlingsbekämpfung zahlreicher Nutzpflanzen ist die Tatsache von Bedeutung, daß mit ausreichender Bienenbestäubung ein schnelleres Abblühen der Pflanzen erzielt wird. Der Nutzen, den die Bienen durch die Bestäubung unserer Kulturen jährlich bringen können, beträgt wertmäßig mehr als 500 Millionen DM. Das würde etwa dem Zehnfachen des derzeitigen direkten aus der Bienenzucht zu erzielenden Nutzens entsprechen.

Abb. 1: Lehr- und Forschungsanstalt für Bienenzucht
Tälermühle b. Stadtroda

Diese hohe Leistungskapazität der Bienen wurde aber bisher nur ungenügend ausgenutzt, da der Imker keinen Anteil an den durch die Bestäubung erzielten Mehrerträgen hatte. So wurde im Jahre 1961 insgesamt nur mit 13,5% der in der DDR vorhandenen Bienenvölker gewandert; 12,2% der Völker wurden im Raps eingesetzt und nur 1,3% in anderen landwirtschaftlichen und gärtnerischen Kulturen. Allein für die Bestäubung des Rotklees würden schon 36% aller vorhandenen Bienenvölker benötigt. Durch planmäßigen Bestäubungseinsatz von Bienenvölkern auf Grund von Verträgen mit den Imkern könnten die Hektarerträge beträchtlich gesteigert werden.

Aber auch der direkte Nutzen der Imkerei in Form von Honig, Wachs und Bienengift spielt in unserer Volkswirtschaft eine nicht zu unterschätzende Rolle.
Honig ist ein hochwertiges Nahrungsmittel und wird wegen seiner diätetischen Wirkung besonders geschätzt.

Die Honigerträge je Bienenvolk werden auf durchschnittlich 7,5 kg geschätzt. Bei einer Bienenvölkeranzahl von ca. 500000 entspricht die jährliche Honigproduktion einem Wert von rund 35 Millionen DM. Da die durchschnittliche Größe der Bienenstände nur etwa 10 Völker beträgt, wird ein großer Teil des in nebenberuflicher Tätigkeit erzeugten Honigs durch die Familie des Imkers selbst verbraucht, so daß — je nach Witterung — jährlich nur etwa 1100 bis 3200 t Honig im Werte von 9,9 bis 28,8 Millionen DM auf den Markt kommen. Diese Menge reicht nicht aus, um den Bedarf der Bevölkerung von schätzungsweise 17000 t zu decken. Deshalb müssen jährlich größere Honigmengen importiert werden.

Infolge der Neuregelung der Preise für Bienenwachs konnte der Industrie in steigendem Maße Bienenwachs zur Verfügung gestellt werden. Im Jahre 1961 wurden 12 t Wachs geliefert, was einem Geldwert von 156000 DM entspricht. Vor der Neuregelung wurde kein Wachs für die Industrie erfaßt. Im Jahre 1963 wurde erstmalig der Wachsbedarf unserer Industrie aus eigenem Aufkommen gedeckt. Darüber hinaus konnten 5 t zum Export zur Verfügung gestellt werden.

Der Bedarf an Bienengift wird in unserer Republik gedeckt, so daß sogar Exporte dieses wichtigen Heilmittels vorgenommen werden können.

Stellt somit der Nutzen der Imkerei einen bedeutenden Faktor dar, so darf bei einer volkswirtschaftlichen Abschätzung auch der imkerliche Anlagewert nicht vergessen werden.

Nach der Viehzählung 1962 wurden 485000 Bienenvölker gehalten[1]. Davon entfallen auf VEG 6500, auf sonstige volkseigene Betriebe insgesamt 2300 Völker. In LPG wurden insgesamt 119500 Bienenvölker gehalten, davon

genossenschaftlich	17700 und
individuell	101800;

in sonstigen Genossenschaften (GPG) wurden 666 Völker registriert. Von Privatimkern werden 358034 Völker gehalten (errechnet).

Berechnen wir den Anlagewert je Bienenvolk, so ergibt sich für ein Bienenvolk folgendes:

Volk mit Wabenwerk	90,— DM
Bienenwohnung	45,— DM
Geräteanteil	10,— DM
Bienenhausanteil	20,— DM
	165,— DM

Somit ist für die Bienenzucht nachstehender Anlagewert vorhanden:

volkseigene Betriebe	1452000,— DM
genossenschaftlich gehaltene Völker	3030410,— DM
in den LPG individuell gehaltene Völker	16797800,— DM
privat gehaltene Völker	59075610,— DM
	80355820,— DM

Die Erfahrung zeigt, daß zuweilen bei der Viehzählung nicht alle Völker erfaßt werden. Man kann annehmen, daß tatsächlich ca. 500000 Bienenvölker vorhanden sind, die von ca. 50000 Imkern gehalten werden.

[1] Stat. Jahrbuch 1963

Aus diesen Zahlen ergibt sich, daß durchschnittlich je Imker ca. 10 Völker gehalten werden. Betrachtet man jedoch die Bienenstände in ihrer Gesamtheit, so überwiegen, besonders bei den privaten Imkern, die Bienenstände mit weniger als 10 Völkern. Bei den „Kleinhaltungen" verbleibt aber der meiste Honig in der eigenen Hauswirtschaft.

Bei der weiteren Entwicklung der Bienenzucht kommt es darauf an, die ertragsfördernde Wirkung durch den Bienenbeflug für die weitere Steigerung der Erträge der gärtnerischen und landwirtschaftlichen Kulturen voll auszunutzen und die Forderung des 8. Plenums nach Steigerung der Honigerfassung zu erfüllen.

Bisherige Beispiele zeigen, daß diese Forderungen am besten von großen sozialistischen Bienenhaltungen erfüllt werden können.

Abb. 2: Bienenstand des VEG Endorf, Krs. Hettstedt

Im Kreis Stadtroda betrug 1961 der Anteil der von sozialistischen Betrieben gehaltenen Bienenvölker 23%; am Honigaufkommen hatten diese Völker aber einen Anteil von 46%. Im Kreis Eisenberg lag das Verhältnis 18:36 und im Kreis Querfurt 20:60. Die Völker der sozialistischen Betriebe dieses Kreises wurden auch am intensivsten zur Bestäubung landwirtschaftlicher Kulturpflanzen eingesetzt.

Die angeführten Beispiele zeigen, daß die Erwartungen sowohl hinsichtlich des Einsatzes zur Bestäubung als auch hinsichtlich der Steigerung des Honigaufkommens durch die Einrichtung sozialistischer Großimkereien erfüllt werden können.

Hinweise zur Einrichtung sozialistischer Großimkereien wurden von der Zentralen Sozialistischen Arbeitsgemeinschaft Bienenzucht erarbeitet und in der Empfehlung Nr. 3 des Ministeriums für Landwirtschaft, Erfassung und Forstwirtschaft zur Einführung des wissenschaftlich-technischen Fortschrittes mitgeteilt.

Um den Bienenzuchtbetrieben einen erhöhten ökonomischen Anreiz zur Anwanderung mit Bienenvölkern an Samenträgerflächen, besonders solchen, die nicht gleichzeitig auch einen höheren Honigertrag garantieren, zu geben, wurde im

Maßnahmeprogramm der VVB Saat- und Pflanzgut sowie in den Empfehlungen Nr. 3 des Ministeriums für Landwirtschaft, Erfassung und Forstwirtschaft die Richtlinie erteilt, den Bestäubungseinsatz von Bienenvölkern auf Grund von Verträgen mit Imkern zu vergüten.

Aus einer von der zentralen Sozialistischen Arbeitsgemeinschaft 1960 in verschiedenen Kreisen unserer Republik durchgeführten Analyse geht hervor, daß noch große Möglichkeiten zur Erweiterung der Bienenzucht bestehen. Nach einer Einschätzung der in der DDR vorhandenen Bienenweide kann, bei richtiger Verteilung der Bienenstände, die Anzahl der Bienenvölker mindestens verdoppelt werden. Allen Zuchtleitbetrieben und Konsultationspunkten wurde es deshalb zur Pflicht gemacht, der weiteren Entwicklung von sozialistischen Großbienenständen größte Aufmerksamkeit zu schenken.

1. Bienenschäden durch unsachgemäße Anwendung von Pflanzenschutzmitteln

Alljährlich ergeben sich durch die unsachgemäße Anwendung von Pflanzenschutzmitteln große Schäden. Es muß auch damit gerechnet werden, daß die durch Industrieabgase und Rauch verursachten Schäden ansteigen.

Zur Untersuchung und Beratung bei derartigen Fällen arbeitet in Hohen Neuendorf bei Berlin die Bienenschutzstelle. Personell ist sie mit 1 Leiter und 5 Mitarbeitern und Hilfskräften besetzt.

In Zusammenarbeit der Bienenschutzstelle mit der Industrie werden neue bienenungefährliche Mittel erarbeitet, geprüft und die Methodik ihrer Anwendung festgelegt.

2. Bienenzüchtung

Insgesamt 5—6% der Bienenvölker werden züchterisch bearbeitet. Gezüchtet werden die Rassen *mellifica-Carnica* und *mellifica-Mellifica*; andere Bienenrassen werden auf ihre Brauchbarkeit geprüft. Für die Reinpaarung steht ein Netz von Belegstationen zur Verfügung. Eine zentrale Körstelle für Bienen ist der Lehr- und Forschungsanstalt für Bienenzucht angegliedert; sie arbeitet z. Z. mit einem wissenschaftlichen Leiter und zwei Hilfskräften.

Züchterische Richtlinien wurden im Rahmen des Maßnahme-Programms zur weiteren Entwicklung der Tierzucht festgelegt. Danach sollen in jedem Bezirk ein Zuchtleitbetrieb und einige Vermehrungsbetriebe eingerichtet werden, die alle übrigen Betriebe mit leistungsfähigem Tiermaterial zu versorgen haben.

3. Bienenkrankheiten

Die Routineuntersuchungen bei Bienen auf ihren Gesundheitszustand unterstehen den jeweils für die einzelnen Bezirke zuständigen Tiergesundheitsämtern. Anzeigepflichtige Bienenseuchen sind die Faulbrut und die Milbenseuche. Eine wegen der starken Verbreitung ihrer Erreger nicht anzeigepflichtige, aber bei seuchenhaftem Auftreten höchst gefährliche Krankheit ist die Nosematose.

Die stark verbreitete bösartige Faulbrut kann durch das von der Abt. Bienenkunde des Instituts für Geflügel- und Pelztierzucht der Humboldt-Universität zu Berlin praktisch erprobte Sulfathiazol bei guter Organisation beherrscht werden. Im Gegensatz dazu fehlt es bei der Milbenseuche, die nunmehr aus ihrem abgeschlossenen Gebiet des Raumes Cottbus—Dresden herausgetreten ist, an einem wirksamen, modernen Heilmittel. Ein solches Mittel ist in den kapitalistischen Ländern seit langem vorhanden. Auch bei uns wurde ein wirksames Medikament als Räuchermittel entwickelt. Die Produktion ist jedoch noch nicht angelaufen.

Die Nosematose ist eine umweltbedingte Krankheit. Sie läßt sich mit Medikamenten schwer ausrotten, durch Anwendung von Antibiotika und durch günstige Umweltbedingungen aber in Schranken halten.

Die Organisation des Seuchenbekämpfungswesens befriedigt z. Z. nicht. Es fehlt die Koordinierung der Untersuchungen. Dringend notwendig sind eine den steigenden Anforderungen der sozialistischen Großbetriebe entsprechende Ausbildung der Tierärzte und die gründliche Schulung der Imker in der Seuchenerkennung.

4. Lehre und Forschung

Die Lehre und Forschung obliegt der Lehr- und Forschungsanstalt für Bienenzucht Tälermühle, Kreis Stadtroda, der Abt. Bienenkunde im Institut für Geflügel- und Pelztierzucht der Humboldt-Universität zu Berlin und der Abt. Bienenkunde im Institut für Kleintierzucht der Karl-Marx-Universität Leipzig. Ferner werden Forschungsarbeiten auf dem Gebiet der Bienenkunde in verschiedenen Instituten für Zoologie und in dem Institut für Meteorologie der Friedrich-Schiller-Universität Jena durchgeführt.

Bisher wurde an den meisten Universitäten das Fach Bienenkunde fakultativ gelesen (2semestrig — 1 Wochenstunde); in Berlin war die Vorlesung für Gärtner obligatorisch. Diese Vorlesungen genügten, um die Gärtner und Landwirte für die Praxis ausreichend zu informieren. Durch die Umgestaltung des Studienplanes wird die Vorlesung zukünftig mit einigen Stunden in die Spezialvorlesungen Kleintierzucht eingebaut. Das hat zur Folge, daß an den Universitäten die Vorlesungen praktisch wegfallen. An Stelle der Vorlesungen soll nunmehr ein Lehrbrief zum Selbststudium treten. Es wäre darauf hinzuweisen, daß eine praxisverbundene Ausbildung auf dem Gebiet der Bienenhaltung in den Konsultationspunkten kaum möglich ist, da die Voraussetzungen dort bisher noch nicht geschaffen werden konnten. An den vet. med. Fakultäten in Leipzig und Berlin wurde bisher das Fach Bienenkunde einsemestrig gelesen.

Ist durch diese Neuregelung die Möglichkeit der Information auf dem Gebiet der Bienenzucht für die Landwirte der höchsten Ausbildungsstufe auf ein Minimum

Abb. 3: Versuchsbeuten: Kombinations-Magazinbeuten in Holzbauweise

Abb. 4: Versuchsbeuten: Magazinbeuten in Strohbauweise, frei aufgestellt

beschränkt worden, so fehlt sie bei der Ausbildung der Landwirte mittlerer Qualifikation (Staatl. geprüfter Landwirt) fast gänzlich. Diese im Gegensatz zum sozialistischen Ausland mangelhafte Ausbildung der Landwirte höherer und mittlerer Qualifikation führt in der sozialistischen Landwirtschaft mehr und mehr zu einem „Nichtverstehen" der Zusammenhänge zwischen Bienenzucht und Steigerung der Obst-, Ölfrucht- und Futtersaatguterträge und wird damit zu einem Hemmnis für den Aufbau von Großimkereien in den sozialistischen Betrieben der Land- und Forstwirtschaft.

Die Ausbildung von Imkermeistern obliegt der Lehr- und Forschungsanstalt für Bienenzucht Tälermühle.

Die praktische Ausbildung der Facharbeiter erfolgt in größeren Imkereibetrieben; die theoretische Ausbildung wurde bisher in der Zentralberufsschule für Imker, die der Lehr- und Forschungsanstalt für Bienenzucht angegliedert ist, durchgeführt.

Abb. 5: Bienenwanderwagen für 20 Völker, ein Einachsanhänger

Für die Durchführung von Forschungsarbeiten wurde die Lehr- und Forschungsanstalt für Bienenzucht als Leitinstitut benannt. Es wurden praxisverbundene Komplexthemen ausgearbeitet.

5. Erfahrungsaustausch

Um den Erfahrungsaustausch und die Zusammenarbeit zwischen den einzelnen Imkereien der verschiedenen sozialistischen Betriebe wirksamer werden zu lassen, wurden von der Zentralen Sozialistischen Arbeitsgemeinschaft größere Imkereien als Konsultationspunkte benannt.

6. Veröffentlichungsmöglichkeiten

Wissenschaftliche Originalarbeiten auf dem Gebiete der Bienenzucht können in dem von der Deutschen Akademie der Landwirtschaftswissenschaften zu Berlin herausgegebenen „Archiv für Geflügelzucht und Kleintierkunde" veröffentlicht werden.

Ein für Imker bestimmtes Organ des Verbands der Kleingärtner, Siedler und Kleintierzüchter ist die Ausgabe C der Zeitung „Garten und Kleintierzucht".

7. Organisation

Die praktischen Imker können sich im Verband der Kleingärtner, Siedler und Kleintierzüchter organisieren. Die Mitgliedschaft schließt den Versicherungsschutz durch die Imkerspezialversicherung ein. Die gewählten Funktionäre des Verbandes betreuen als Obleute die Belange der Praxis in bezug auf Bienenweide, Züchtung, Wanderung, Beobachtungswesen, Bienenkrankheiten usw.

8. Bienengesetzgebung

Die Belange der Bienenzucht werden gesetzlich geregelt durch die 1., 2. und 4. Durchführungsbestimmung der Verordnung zum Schutze der Bienen vom 15. 11. 1951. Des weiteren werden im BGB (Nachbarrecht, Schwarmrecht, Haftpflichtrecht) und im Naturschutzgesetz Fragen der Bienenzucht behandelt.
Durch die sozialistische Umgestaltung der Land- und Forstwirtschaft ist die Überarbeitung der gesetzlichen Bestimmungen erforderlich.

9. Geräteproduktion und Handel

Verschiedene volkseigene Betriebe und private Werkstätten erzeugen Imkereibedarfsartikel, die über die Abteilung Imkerbedarf der VdgB (BHG) vertrieben werden. Die von den Betrieben hergestellten Geräte entsprechen in den meisten Fällen den Anforderungen einer Kleinimkerei. Im Rahmen der Standardisierung wurde eine Reihe von Imkerbedarfsartikeln standardisiert bzw. zur Standardisierung vorgeschlagen, so daß für die Zukunft eine bessere Versorgung zu erwarten ist.

10. Maßnahmen zur weiteren Entwicklung der Bienenzucht

10.1. Im Hinblick auf die Unentbehrlichkeit der Bienen für die Sicherung und Steigerung der Obst-, Ölfrucht- und Samenerträge sowie auf die notwendige Steigerung der Honig-Marktproduktion um ein Mehrfaches muß die Bienenzucht zu einem festen Bestandteil der sozialistischen Landwirtschaft werden. Das fordert von vielen Direktoren volkseigener Güter und Vorständen Landwirtschaftlicher Produktionsgenossenschaften, ihre Einstellung zur Bienenzucht dahingehend zu ändern, daß sie in vermehrtem Umfang im Obst- und Feldbau Bienen zum Einsatz kommen lassen und der Entwicklung von Großbienenhaltungen erhöhte Aufmerksamkeit schenken.

10.2. Die bestehenden gesetzlichen Bestimmungen und Empfehlungen sind in größerem Umfange zu verwirklichen.

10.3. Um den materiellen Anreiz der in der Imkerei Beschäftigten zu erhöhen, ist das Lohn- und Prämiensystem zu überarbeiten und zu verbessern.

10.4. Zur Einrichtung von sozialistischen Großimkereien ist die Entwicklung einer geeigneten Magazinbeute schnell zum Abschluß zu bringen.

10.5. Zur Aufbereitung und Verarbeitung des Bienenwachses ist ein zentraler Betrieb einzurichten.

10.6. In Auswertung der bisherigen Versuchsergebnisse zur Bekämpfung der Milbenseuche ist die Produktion des erprobten Bekämpfungsmittels aufzunehmen.

10.7. Zur Gesunderhaltung der Bienenvölker der sozialistischen Betriebe ist ein Bienengesundheitsdienst einzurichten.

Zusammenfassung

Die Bienenzucht ist ein Tierzuchtzweig, dessen Nutzen durch Blütenbestäubung weit höher zu veranschlagen ist als der aus der Produktion von Honig, Wachs und Bienengift zu erzielende.

Der Nutzen, den die Bienen durch die Bestäubung landwirtschaftlicher und gärtnerischer Kulturen bringen, entspricht etwa der zehnfachen Höhe des Honigwertes. Auch der Nutzen der Imkerei aus der Produktion von Honig, Wachs und Bienengift ist unserer Volkswirtschaft unentbehrlich.

Gegenwärtig wird in der DDR noch nicht genügend Honig produziert, um den Bedarf der Bevölkerung zu decken. Das staatliche Honigaufkommen schwankt – je nach Wetterlage – zwischen 1100 bis 3200 t, was einem geldlichen Wert von 9,9–28,8 Mill. DM entspricht.

Im Jahre 1963 wurden 30 t Bienenwachs (= 390000 DM) der Industrie zur Verfügung gestellt.

Der Bedarf an Bienengift wird in unserer Republik gedeckt; es können darüber hinaus Exporte dieses wichtigen Heilmittels vorgenommen werden.

Nach den unvollständigen Ermittlungen der Viehzählung wurden im Jahre 1962 in der DDR ca. 485000 Bienenvölker gehalten:

davon in VEG	6500
sonstige VE Betriebe	2300
LPG	119500
davon genossenschaftlich	17700
individuell	101800
GPG	666
Privatimker	358034

Ein Bienenvolk repräsentiert einen Anlagewert von 145,– DM. Nach Schätzung werden je Imker ca. 10 Völker gehalten.

Für die Zukunft ist erforderlich, sozialistische Großimkereien einzurichten.

Hinweise wurden von der Zentralen Sozialistischen Arbeitsgemeinschaft Bienenzucht erarbeitet und in der Empfehlung Nr. 3 des Ministeriums für Landwirtschaft, Erfassung und Forstwirtschaft zur Einführung des wissenschaftlich-technischen Fortschritts veröffentlicht.

Aus einer in verschiedenen Kreisen unserer Republik durchgeführten Analyse geht hervor, daß noch große Möglichkeiten zur Erweiterung der Bienenhaltung bestehen. Nach einer Einschätzung der in der DDR vorhandenen Bienenweide kann bei richtiger Verteilung der Bienenstände die Anzahl der Völker mindestens verdoppelt werden.

Alle Zuchtleitbetriebe und Konsultationspunkte wurden deshalb verpflichtet, der weiteren Entwicklung von sozialistischen Großbienenhaltungen größte Aufmerksamkeit zu schenken.

Die Situation in der Pelztierzucht der Deutschen Demokratischen Republik

0. Volkswirtschaftliche Bedeutung

Die Edelpelztierzucht produziert Rohstoffe für die Bekleidungsindustrie des In- und Auslandes. Der größte Teil der produzierten Nerzfelle wird exportiert, während bei einigen anderen Artikeln Importe durchgeführt werden. Wenn die Einfuhr von Fellen im Jahre 1953, dem Ausgangsjahr der planmäßigen Importe in der Nachkriegszeit, gleich 100 gesetzt wird, dann ergibt sich folgendes Bild:

Die Entwicklung des Rohfellimportes in der DDR in %

Jahr	Fellimporte bezogen auf das Jahr 1953 = 100%	Jahr	Fellimporte bezogen auf das Jahr 1953 = 100%
1953	100%	1958	350%
1954	105%	1959	380%
1955	407%	1960	414%
1956	280%	1961	462%
1957	350%		

Dabei ist allerdings zu berücksichtigen, daß es sich zum Teil bei den importierten Fellen um Felle handelt, die das Ausland in die DDR lediglich zum Zwecke der Zurichtung und Verarbeitung schickte, die also nicht für unseren Eigenbedarf bestimmt sind.

Der Anteil der Wild- und Edelware am Gesamtimport nimmt ständig zu, während das Volumen der in den ersten Jahren in großen Mengen importierten Kaninfelle ständig sinkt. Als weiteres Beispiel sei der Artikel Lammfelle genannt, der jetzt in den verschiedensten Arten und Provenienzen aus 14 Ländern der Erde importiert wird.

Diese Veränderung der Warenstruktur wirkt sich selbstverständlich in Verbindung mit der eigenen Erzeugung von Fellen günstig auf die Warenbereitstellung für den Export aus.

Für die Kaufleute aus den kapitalistischen Ländern ist die Deutsche Rauchwaren Export- und Import-G.m.b.H., kurz „Interpelz" genannt, ein guter Geschäftspartner. Deshalb besteht großes Interesse, wieder und weiterhin mit Leipzig Geschäfte zu tätigen. Das kommt in der ständig wachsenden Anteilnahme ausländischer Firmen an den Leipziger Auktionen und den Messen zum Ausdruck. Über den Leipziger Brühl, unserem Rauchwarenzentrum, fließen erhebliche Summen unseres Außenhandels. In der Erhöhung der Einnahmen, d. h. des Exports, liegt z. Z. die Hauptbedeutung der Edelpelztierzucht unserer Republik, insbesondere der Nerzzucht.

Man darf aber die Bedeutung nicht darin suchen, daß Nerz, Fuchs oder Sumpfbiber Futtermittel, die nicht anders zu verwerten wären, veredeln. Alle für die Pelztierzucht benötigten Futtermittel können vor allem in der Schweine- oder Geflügelfütterung eingesetzt werden.

Die Tatsache, daß auf den Auktionen 1961/62 in Leipzig für Standardnerzfelle ein Durchschnittspreis von 11,27 US-Dollar erzielt wurde, berechtigt die Forderung von „Interpelz" nach ständiger Erhöhung der Nerzfellproduktion.

Die Standardnerzfellproduktion der letzten 3 Jahre in der DDR sah wie folgt aus:

Standardnerzfellproduktion der DDR

	1959/60	1060/61	1961/62
Stück	28929	49824	63156

Rohe Standardnerzfelle aus eigener Produktion wurden auf der 509. Auktion am 14. 2. 62 in einer Zahl von 55863 verkauft, dazu kommen 10640 Mutationsnerzfelle der 510. Auktion. Das bedeutet, daß 1962 durch unsere Nerzzucht rd. 770000 US-Dollar eingebracht wurden.

Andererseits bringt uns die Erhöhung der Sumpfbiberbestände ein verbessertes Fellaufkommen. Unser Binnenmarkt ist für 120000 Nutriafelle aufnahmefähig. Im Jahre 1961 wurde ein Fellaufkommen von 80000 erwartet, das aber nicht erreicht worden ist.

Das ist eine ernste Mahnung; denn unsere Sumpfbiberzucht kann durchaus in die Lage versetzt werden, diese Menge selbst zu produzieren.

1. Nerzzucht

Die Nerzzucht entwickelt sich seit 10 Jahren sowohl zahlenmäßig als auch qualitätsmäßig ständig aufwärts.

Bis zum Jahre 1957 wurden mehr als 80% des Nerzfellaufkommens im privaten Sektor produziert. Der einzigste Betrieb des sozialistischen Sektors ist damals die VE Pelztierfarm Appelburg gewesen.

Dieser Betrieb hat schnell auf die Umstellung der Weltpelztierzucht von Edelfuchszucht auf Nerzzucht reagiert, sich betriebswirtschaftlich völlig auf Nerzzucht umgestellt und die Fachkräfte dafür in kurzer Zeit von Fuchszüchtern auf die Nerzzucht umgeschult. In Erkenntnis der eigenen qualitätsmäßigen Mängel in dem Tiermaterial wurden bedeutende Nerzimporte aus den USA und Finnland getätigt und eine wesentliche Verbesserung der Nerzbestände herbeigeführt. So ausgerüstet, war die VE Pelztierfarm Appelburg in der Lage, den Aufbau des sozialistischen Sektors der Nerzzucht voranzutreiben. Sie hat die Aufgabe als Leitbetrieb voll erfüllt.

Nach den Ergebnissen der Viehzählung vom 3. 7. 1962 bestehen 44 sozialistische Betriebe mit 87081 Nerzen. Sie erhielten durch den Leitbetrieb Hilfe bei der Materialbeschaffung, durch Zuchttierlieferungen und durch fachmännische Anleitung. Außerdem wurden Fachkräfte an neue Betriebe abgegeben und jährlich ca. 30 ehemals berufsfremde Menschen zu Facharbeitern der Pelztierzucht entwickelt.

Dem sozialistischen Sektor standen ca. 600 private Nerzzuchten mit ca. 50000 Tieren gegenüber.

Der hohe Qualitätsstand der Nerzzucht in der DDR hat internationale Anerkennung gefunden. Zeichen dafür sind Zuchttierlieferungen der VE Pelztierfarm in die sozialistischen Länder, vor allem nach Volkspolen, aber auch nach Westdeutschland und Holland. Die Beschickung der internationalen Zuchttierauktion in Warschau sowie der Ausstellung in Belgrad tragen zur Anerkennung unserer Nerzzucht bei.

Ein deutlicher Gradmesser sind die internationalen Fellauktionen in Leipzig. Auf dem Brühl wurde unser gesamtes Aufkommen mit guten Dollarerlösen von den USA und westeuropäischen Käufern abgenommen.

Die Forderung des VEAB und der Deutschen Rauchwaren Import- und Exportgesellschaft nach Erhöhung der Produktion kann bei dem augenblicklichen Stand der Futterversorgung schwer erfüllt werden.

Es wurden im Jahre 1963 ca. 3800 t Futterfisch (Seefische) und Fischabfälle benötigt. Dieser Bedarf kann durch Magerfisch kaum gedeckt werden, weil

1. die Dorschbestände zurückgehen,
2. neue Fangnetzabmessungen den Beifang von Futterfischen im Dorschfang in Zukunft ausschließen,
3. Beifänge und Fischabfälle in den Fischmehlfabriken und in verstärktem Maße schon auf See durch Verarbeitungsschiffe in Fischmehl verwandelt werden.

Hinzu kommt, daß die Hauptfangzeit nicht die Zeit des höchsten Bedarfs in der Nerzfütterung ist. Die Frage einer langen Konservierung (für etwa 6—7 Monate) muß gelöst werden.

Für die Kältekonservierung muß neue Kühlhauskapazität in Höhe von 1000 t geschaffen werden.

Für den Einsatz von Fischsilage oder Trockenfutter müssen die Institute Appelburg und Greifswald schnellstens brauchbare Methoden erarbeiten. Das gleiche gilt für die Verwendung von Fettfischen (Hering, Makrelen).

Die vertragliche Lieferung der Fischmengen muß gesichert und mit den Fischkombinaten sowie FG-Stationen abgestimmt werden. Mit der Futterfischversorgung steht und fällt die Erhöhung der Nerzbestände.

Für ihre Sicherstellung müssen alle Dienststellen, einschließlich der Staatl. Plankommission, des Landwirtschaftsrates beim Ministerrat der DDR und der Deutschen Akademie der Landwirtschaftswissenschaften zu Berlin, eintreten.

Schwierigkeiten gibt es bei der Versorgung mit verzinktem Maschendraht als einzig möglichem Baumaterial für Nerzgehege. Bei einer Bahnbreite von 1 m ist

eine Maschenweite von 20 mm erforderlich. Die freitragenden Nerzgehege werden aus diesem als Wedra-Platten oder Bahnen hergestellten Geflecht gearbeitet.
Die Industrie muß dem Bedarf der Nerzzucht unter allen Umständen nachkommen. In der VE Pelztierfarm wird ständig an der Verbesserung der Nerzgehege gearbeitet. Aus diesem Betrieb können wir in absehbarer Zeit Standards im Nerzgehegebau und im Zuchtgerätebau erwarten.
Zur Verbesserung der Fellqualitäten, besonders im Hinblick auf eine größere Ausgeglichenheit des Aufkommens, wird die Einführung einer Herdbuchzucht angestrebt. Ihrer Vorbereitung dienen Arbeiten zur einheitlichen Zuchttierbewertung nach einem Zuchtziel und zur Kennzeichnung von lebenden Nerzen. Die Versuchsstation für Pelztierforschung Appelburg hat diese Aufgaben zu lösen.
In der planmäßigen Entwicklung wird die Produktion von Mutationsnerzfellen in einem Anteil von 15% an dem Gesamtaufkommen angestrebt.
Viele Rassen sind hinsichtlich der Gesundheit, der Fruchtbarkeit und Fellqualität verbesserungswürdig. Insbesondere helle Rassen, wie Finn-Palo, Schwedisch Palomino, amerikanischer Topas, Winterblue und Saphir, müssen züchterisch bearbeitet werden.
In Zusammenarbeit mit dem VEAB (t. R.) Leipzig muß eine stärkere Farbdifferenzierung in den Abnahme- und Gütevorschriften erarbeitet und die Bezeichnung neuer Rassen eingeführt werden, die in einigen Betrieben gezüchtet worden sind. Diesen fehlt der Anreiz zur Verbreitung der neuen Rassen, weil sie in der Bezahlung der Felle nicht besonders berücksichtigt werden.
Der Pelztiergesundheitsdienst, vertreten durch das Tiergesundheitsamt Greifswald und durch das Institut für Pelztierkunde in Leipzig, trägt durch seine Arbeit zur Senkung der Tierverluste bei.
Die Impfung aller Nerze gegen Botulismus in jedem Sommer ist für fast alle Züchter Selbstverständlichkeit geworden. Viele Betriebe impfen im Januar alle Zuchtnerze gegen Staupe. Zur Abwendung der Virus-Enteritis leistet insbesondere die Abt. Pelztiere des Tiergesundheitsamtes Greifswald Vorarbeiten.

2. Fuchszucht

Die Fuchszucht in der DDR hat nur geringe Bedeutung. Silberfüchse, Platinfüchse und Blaufüchse finden zwar Absatz im Außen- und Innenhandel, aber die Nachfrage ist sehr schwach.

In 13 sozialistischen Betrieben wurden ca. 2200 Füchse und
in 54 Privatbetrieben ca. 1000 Füchse gehalten.

Eine Blaufuchszucht auf der Grundlage des neuen polnischen Blaufuchses wäre bedeutungsvoll. Der Import polnischer Blaufüchse wurde von der Versuchsstation Appelburg getätigt.

3. Sumpfbiberzucht

Die Situation in der Sumpfbiberzucht der DDR wird gegenwärtig durch eine Stagnation in der Entwicklung gekennzeichnet.

Nerzanfall Standard von 1959–1962 (ohne Nachfall)

Gesamt-Standard-Nerze:

	1959/60	1960/61	1961/62
Stück	28929	49824	7142 56014
davon Rüden	14001 (51,4)	24260 (50)	30011 (48,4)
davon Fähen	14117 (48,6)	23878 (50)	31928 (51,6)
davon Schwarten	811 —	1686 —	1225 —

I. Farbe	Rüden 1959/60		Rüden 1960/61		Rüden 1961/62		Fähen 1959/60		Fähen 1960/61		Fähen 1961/62	
extra dunkel	498	(3,5)	696	(3)	1502	(5)	452	(3)	851	((3,5)	1356	(4,4)
dunkel	3070	(21,9)	4647	(19,1)	6435	(22)	3108	(22)	3889	16,5)	6601	(21,8)
mittelfarb.	7497	(53,5)	15083	(63,3)	18987	(63)	7710	(54,6)	14124	(59,3)	20126	(64,0)
helle	2946	(21,1)	3837	(15,6)	3087	(10)	2847	(20,4)	5014	(20,4)	3845	(10,0)
	14001	(100)	24260	(100)	30011	(100)	15117	(100)	23878	(100)	31928	(100)

II. Größen	Rüden 1960		Rüden 1961		Rüden 1962		Fähen 1960		Fähen 1961		Fähen 1962	
über 71 cm	10		109	(0,4)	408	(1,4)						
65–71 cm	207	(1,4)	3210	(13,2)	5177	(17,3)						
59–65 cm	3155	(22,5)	11845	(48,8)	13982	(46,8)					216	(0,7)
54–59 cm	7449	(53,1)	7087	(29,2)	7910	(26,3)	1160	(8,2)	3677	(15,4)	5643	(18,2)
	10821	(77)	22246	(91,6)	27477	(91,8)	1160	(8,2)	3677	(15,4)	5859	(99,8)
47–54 cm	3071	(22)	1874	(7,7)	2218	(7,2)	10813	(77,2)	17149	(77,7)	21915	(68,3)
unter 47 cm	109	(1)	140	(0,7)	316	(1)	2138	(14,6)	3052	(12,9)	4154	(12,8)
	14001	(100)	24260	(100)	30011	(100)	14111	(100)	23878	(100)	31928	(100)

Im Jahre 1961 erwartete der VEAB Leipzig einen Anfall von 80000 Nutriafellen aus eigenem Aufkommen. Diese Zahl wurde nicht erreicht.

Die Sumpfbiberzucht im sozialistischen Sektor zeigt folgende Entwicklung (Stand vom 3. 7. 1961)

Zahlenmäßige Entwicklung
der Sumpfbiber und -zuchten (sozialistischer Sektor)

Jahr	Tiere	Zahl der Betriebe
1958	9580	26
1959	15384	41
1960	18760	58
1961	22913	51

Am 3. 7. 1961 gab es 2081 private Zuchten mit 65297 Tieren. Mit dem Aufbau der sozialistischen Betriebe ist seit 4 Jahren begonnen worden.

Neben betriebswirtschaftlichen Schwierigkeiten haben viele Farmen noch hohe Jungtierverluste, die in engem Zusammenhang mit mangelnder Farmhygiene stehen.

3.1. In folgendem werden die Ursachen im einzelnen aufgeführt:

3.1.1. In den sozialistischen Betrieben fehlen Fachkräfte. Sie betreiben die Zucht fast alle als Nebenproduktion (LPG oder Forstwirtschaftsbetriebe). Die Tierpfleger, Brigadiere oder Farmleiter kommen aus anderen Tierzuchtzweigen oder dem Feldbau bzw. aus der Forstwirtschaft. Ihre Fachkenntnisse auf diesem Spezialgebiet sind vollkommen ungenügend.

In anderen Fällen sind private Züchter, auch geprüfte Zuchtmeister, als Farmleiter in sozialistische Betriebe übernommen worden oder mit ihren Tieren in eine LPG eingetreten. Ihnen fehlt es an Erfahrung bei dem Aufbau und der Weiterführung von Großbetrieben.

Die Hauptbetriebe geben diesen Menschen oft wenig Unterstützung. Es werden in wenigen Jahren hohe Produktionssteigerungen der Sumpfbiberfarm erwartet, z. T. auch große Geldmittel zur Verfügung gestellt, aber bei der Materialbeschaffung und dem Anlagenbau, der Bereitstellung von Transportmitteln und Handwerkern mangelndes Verständnis seitens der Betriebsleitung aufgebracht.

Die Ausbildungsmöglichkeiten für Lehrlinge in der Sumpfbiberzucht und für die Qualifizierung zu Altfacharbeitern sind ungenügend.

3.1.2. Die Futterversorgung bereitet in manchen Fällen Schwierigkeiten. Obgleich es in den Bestimmungen über die Einrichtung von neuen Sumpfbiberfarmen heißt, daß diese nur gebilligt werden kann, wenn wirtschaftseigenes Futter (Futtergetreide, Rüben, Kartoffeln, Gemüse) zur Verfügung steht, wird fast für alle Farmen Futter zugekauft. Damit wird die Rentabilität der Farmen gefährdet. Hinzu kommt, daß die Löhne steigen und die Abnahme- und Gütevorschriften schärfer gehandhabt werden. 1959 betrug der durchschnittliche Gestehungspreis für ein großes Fell 28—30,— DM, heute liegt er bei 35,— DM.

3.1.3. Die züchterische Entwicklung ist unausgeglichen. Die 2132 privaten und sozialistischen Zuchten liefern unterschiedliches Fellmaterial an den VEAB (t. R.) ab. Der hohe Wert edler Pelzwaren liegt aber in der Einheitlichkeit des Materials.

3.1.4. Unklarheit gibt es bei einigen Züchtern im Gehegebau. Neue Farmen haben teilweise aus Unkenntnis mit großem Kostenaufwand völlig unbrauchbare Sumpfbibergehege gebaut, in denen geringe Fortpflanzung oder keine guten Fellqualitäten erzielt werden konnten.

Seit 8 Jahren wird die Frage der Hochgehegehaltung in der Farm Lauer und in dem Institut für Pelztierkunde in Markkleeberg untersucht. Es sind gute Ergebnisse erzielt worden, die aber noch überzeugender für die Praxis popularisiert werden müssen.

3.2. Zur Veränderung dieser Situation wird folgendes vorgeschlagen:

3.2.1. Die Sumpfbiberfarm Lauer, der Leitbetrieb für die Sumpfbiberzucht in der DDR, muß in die Lage versetzt werden, in der Sumpfbiberzucht besser wirksam zu werden.

Der Betrieb muß ähnlich wie die VE Farm Appelburg maßgeblichen Einfluß auf die Entwicklung der Zucht und Haltung nehmen können. Mit der Übernahme durch die VVB Tierzucht ist eine wichtige Voraussetzung zur Verwirklichung dieser Aufgaben geschaffen worden.

Es kommt nun darauf an, den Betrieb so zu entwickeln, daß er als Beispiel für alle anderen sozialistischen Betriebe mit Sumpfbiberhaltung dienen kann.
Darüber hinaus muß eine enge Zusammenarbeit mit dem Institut für Pelztierkunde in Markkleeberg und dem Institut für Geflügel- und Pelztierzucht der Humboldt-Universität zu Berlin erfolgen. Volle Unterstützung erfordert die Lehrlingsausbildung und Erwachsenenqualifizierung.
In verstärktem Umfange sind Erfahrungsaustausche zu organisieren.

Die Beratung der Züchter und die Ausbildung vieler neuer Fachkräfte sind der wirksamste Weg für eine Veränderung in der Sumpfbiberzucht.

3.2.2. Die Fütterung der Sumpfbiber muß verbilligt werden. Dazu gehört die Entwicklung eines neuen Preßfuttermittels. Es sind ernährungsphysiologische Untersuchungen am Sumpfbiber anzustellen. Das Institut für Geflügel- und Pelztierzucht Berlin, Außenstelle Strausberg, sollte diese Problematik in Verbindung mit einem Institut für Tierernährung bearbeiten.

Die Räte der Gemeinden und Städte oder LPG-Vorstände sollten maschinell nicht zu bearbeitende Kleinflächen den Züchtern zur Nutzung geben.

3.2.3. Tagungen, Lehrgänge, Prüfungen und Konsultationen müssen für die Demonstration bester Fellqualitäten ausgenutzt werden, die einem einheitlichen Zuchtziel entsprechen. Die Bewertung von Zuchttieren hat sich diesem Zuchtziel anzupassen.

Die Vorarbeiten der Farm Lauer und der Abt. Pelztierzucht in Strausberg für eine einheitliche Tierkennzeichnung sind abzuschließen und obligatorisch für alle Betriebe einzuführen.

Die ZZK Edelpelztierzüchter muß ein Herdbuch für Sumpfbiber in Zusammenarbeit mit dem Institut in Strausberg und der Farm Lauer einrichten.

3.2.4. Das Institut in Markkleeberg muß im Rahmen des Neuererzentrums einheitliche Sumpfbibergehege demonstrieren und den richtigen Gehegebau im Beratungswesen vertreten.

Seine Mitarbeiter müssen eine gute Farmhygiene in allen Betrieben herbeiführen und Wege für eine grundsätzliche Prophylaxe zur Einschränkung von Jungtierverlusten, einschließlich einer generellen Impfung, finden.

4. Chinchillazucht

Anfänge der Chinchilla-Zucht sind in der DDR vorhanden. In Zusammenarbeit mit der VVB Tierzucht, der ZZK Edelpelztierzucht und dem VEAB (t. R.), mit Züchtern und dem Leitinstitut Appelburg müssen gesammelte Erfahrungen in der Chinchilla-Zucht verbreitet und Preise sowie Bewertungsrichtlinien für Zuchttiere und Felle festgesetzt werden.

Der Weltbestand an Farmchinchillas beträgt etwa 3 Mill. Stück. In Westeuropa ist die Zucht stark verbreitet. Volkspolen besitzt 3000 Zucht-Chinchillas und die UdSSR ist im Aufbau der Chinchillazucht begriffen.

Bei unseren Zuchten ist von Anfang an größter Wert auf hervorragende Qualitäten zu legen. Die Abnahme- und Gütevorschriften müssen stark differenzieren und I. Qualitäten mit Abstand besser bezahlt werden als II. und schlechtere Qualitäten.

5. Fellverwertung

Enge Verbindungen bestehen zwischen dem VEAB (t. R.) Leipzig und allen Züchtern und Produktionsbetrieben. Die Fellabnahme und Bezahlung verlief demzufolge im allgemeinen reibungslos und zur Zufriedenheit der Züchter.

Mitarbeiter des VAEB benutzen jede Gelegenheit, um mit Züchtern über Mängel in Fellqualitäten, im Versand der Felle seitens der Züchter, über neue Wege bei der Fellbearbeitung und über den Stand des Fellabsatzes, insbesondere über den Verlauf der Auktionen zu berichten.

Über die zahlenmäßige und qualitätsmäßige Entwicklung der Nerzfellproduktion der DDR gibt die Tabelle auf Seite 21 Auskunft. Daraus geht hervor, daß die Fellzahlen von Jahr zu Jahr gestiegen sind, daß eine farbliche Verbesserung der Standardnerzfelle und eine Größenentwicklung zu beobachten ist.

Die Entwicklung des Außenhandels sieht wie folgt aus:

1957 wurde mit einem probeweisen Verkauf ins Ausland begonnen;
1959 fand ein Tenderverkauf statt;
1960 wurde die erste Auktion durchgeführt;
1962 konnte Leipzig besonders mit der Spezialauktion im Februar und der Generalauktion im April festen Fuß fassen. Neben vielen ausländischen Käufern traten 7 amerik. Firmen auf.

Eine Qualitätsverbesserung der Felle konnte im Jahre 1961 durch eine neue Läuterungsmethode erreicht werden — sie hatte einen Preisanstieg von 10—15% zur Folge — und durch spätere Pelzung.

Trotzdem wurden die Forderungen erhoben, eine einheitliche Zuchtrichtung zu erarbeiten und durchzusetzen sowie die Fellproduktion zu erhöhen.

Der bei den letzten Auktionen erzielte durchschnittliche Preis für Standardnerzfelle betrug 11,27 USA Dollar.

Für Nutriafelle bestehen z. Z. keine Exportmöglichkeiten.

Die Durchführung wissenschaftlicher Aufgaben obliegt:

1. der Versuchsstation für Pelztierforschung Appelburg,
2. dem Institut für Geflügel- und Pelztierzucht Berlin, Außenstelle Strausberg,
3. dem Institut für Pelztierkunde Leizpig,
4. der Abt. Pelztiere beim Tiergesundheitsamt Greifswald.

Die Leiter dieser genannten Institute trafen sich anläßlich der Tagung der Sozialistischen Arbeitsgemeinschaft im April 1962, um über die Probleme zu beraten, die unmittelbar aus der Praxis an sie herangetragen werden, und über die laufenden Forschungsarbeiten ihrer Institute.

In der Zukunft werden die wissenschaftlichen Arbeiten dieser Einrichtungen in einem Komplexthema zusammengefaßt und koordiniert. Entsprechend der personellen Besetzung, der Tierbestände und Einrichtungen werden die Teilthemen bearbeitet.

Die Versuchsstation Appelburg hat mit einem Zuchttierbestand von
2,5 Silberfüchsen,
3,6 Blaufüchsen,
28,103 Standardnerzen,
24,58 Mutationsnerzen
und 5,8 Chinchillas eine gut durchgezüchtete Tiergrundlage, die jederzeit eine einwandfreie Versuchsdurchführung ermöglicht. Sie wurde als Leitinstitut für Pelztierforschung benannt.

Ihre Versuche zur Feststellung der Verwendbarkeit von Ersatzfuttermitteln, wie Trockenfutter oder Silage, die in den Zeiten der ungenügenden Anlandung von

Futterfischen unbedingt benötigt werden, sind für die Praxis von größter Bedeutung. Daneben stehen die züchterischen Arbeiten zur Festigung der Vitalität des Saphirnerzes im Vordergrund.

Als Grundlage für eine ordnungsgemäße Herdbuchführung wird weiterhin versucht, eine Methode zur Kennzeichnung von Zuchtnerzen auszuarbeiten.

Das Institut für Geflügel- und Pelztierzucht der Humboldt-Universität zu Berlin, Abt. Pelztierzucht, Strausberg, bearbeitet Themen der Zucht und Fütterung beim Sumpfbiber. Zur Zeit laufen 2 Themen:

1. Der Einfluß von Fütterung und Wurftermin auf die Fellentwicklung
2. Wurffolge und Fruchtbarkeit in ihrer Einwirkung auf die Fellqualität.

Die weiteren Aufgaben sind, zuverlässige Methoden der Tierkennzeichnung auszuarbeiten und die Grundlagen für ein Herdbuch für Sumpfbilder zu schaffen.

Das Institut für Pelztierkunde Leipzig hat im wesentlichen 3 Aufgaben zu erfüllen:

1. Durchführung der wissenschaftlichen Arbeiten
2. Pelztiergesundheitsdienst
3. Agrarpropaganda

Als wissenschaftliche Arbeiten laufen fortpflanzungsphysiologische Untersuchungen beim Sumpfbiber und besonders Fragen des zweckmäßigen Gehegebaus.

Der Pelztiergesundheitsdienst wird in den südlichen Bezirken der DDR ausgeübt.

Eine wichtige Aufgabe ist die Agrarpropaganda. Durch die unmittelbare Nachbarschaft mit dem ständigen Neuererzentrum in Markkleeberg versucht dieses Institut, den praktischen Züchtern die neuesten Erfahrungen auf dem Gebiet der Pelztierzucht nahezubringen.

Die Abteilung Pelztiere beim Tiergesundheitsamt Greifswald nimmt eine Sonderstellung innerhalb der übrigen Institute ein. Ihr obliegen die Routineuntersuchungen, danach kommt die wissenschaftliche Arbeit. Sie hat die Betreuung der Farmen in den Bezirken Rostock, Schwerin, Potsdam (teilweise), Neubrandenburg und Magdeburg (ca. 40000 Nerze) übernommen. Finanziell trägt sich die Abteilung selbst.

Im wesentlichen werden folgende Arbeiten durchgeführt:

1. Feststellung der Krankheitsursachen durch Sektionen und bakteriologische sowie histologische Untersuchungen
2. Prophylaktische Maßnahmen (Staupe, Botulismus, Vit.-Mangel)
3. Zuchttierauswahl (1961 auf 6 Betrieben)
4. Arbeiten auf dem Gebiet der Mutationszucht (Homo)
5. Wissenschaftliche Arbeiten auf dem Gebiet der Krankheitsbekämpfung

Besonders die Aleutenkrankheit, die in Amerika und Westdeutschland bereits so gefährlich auftrat, bei uns aber noch unbekannt ist, müßte in ihrer Erscheinungsart und Bekämpfungsmöglichkeit studiert werden, um einer eventuellen Aggression auch bei uns wirksam begegnen zu können. Dasselbe gilt für die Virusenteritis, die schon in Finnland aufgetreten ist. Es muß unbedingt ein Erfahrungsaustausch mit Wissenschaftlern der hiervon befallenen Länder eingeleitet werden.

Publikationsmöglichkeiten

Den Einrichtungen und Interessenten der Pelztierzucht stehen folgende Zeitschriften zur Verfügung:

1. Der Brühl
   Fachzeitschrift für Pelztierzucht und Rauchwarenwirtschaft, erscheint zweimal monatlich im VEB Fachbuchverlag Leipzig
2. Garten und Kleintierzucht
   Organ des Verbandes der Kleingärtner, Siedler und Kleintierzüchter, Deutscher Bauernverlag, Berlin
3. Das Pelzgewerbe
   Schriften für Fellproduktion und Pelzkunde, erscheint monatlich im Hermelin-Verlag Dr. Paul Schöps, Leipzig

Zusammenfassung

Die Edelpelztierzucht produziert Rohstoffe für die Bekleidungsindustrie. Das Aufkommen an Fellen und Rauchwaren in der DDR reicht für den eigenen Bedarf in einigen Artikeln nicht aus. Im Jahre 1961 wurden 4,6mal mehr Felle importiert als beispielsweise im Jahre 1953.

Der Bedarf an Nutriafellen konnte aus eigener Produktion nicht gedeckt werden; es mußten Importe getätigt werden. Das ist eine ernste Mahnung an unsere Sumpfbiberzucht, die durchaus in die Lage versetzt werden kann, diese Menge selbst zu produzieren.

Die Standardnerzfellproduktion hat in den letzten Jahren zugenommen (1959/60 = 28929 Felle, 1961/62 = 63156 Felle). Es wurden bereits in diesem Jahr aus der DDR für 770000 US-Dollar Felle exportiert.

Erforderlich erscheint, darauf hinzuweisen, daß die Edelpelztiere nicht die Futtermittel veredeln, die nicht anders zu verwerten sind, sondern alle Futtermittel können vor allem in der Schweine- oder Geflügelfütterung eingesetzt werden.

1. Nerzzucht

Die Nerzzucht entwickelte sich in den letzten 10 Jahren mengen- und qualitätsmäßig aufwärts.

Bis 1957 wurden mehr als 80% des Nerzfellaufkommens im privaten Sektor produziert. Bis dahin wurde der sozialistische Sektor nur von der VE Pelztierfarm Appelburg vertreten.

Später waren 44 sozialistische Betriebe mit 87081 Tieren vorhanden und insgesamt ca. 600 private Nerzzüchter mit 50000 Tieren.

Die Forderung des VEAB und der Deutschen Import- und Export-Gesellschaft nach Erhöhung der Produktion kann bei dem augenblicklichen Stand der Futterversorgung schwer erfüllt werden.

Es werden 3800 t Futterfisch und Fischabfälle benötigt; dieser Bedarf kann durch Magerfisch kaum gedeckt werden, weil

1. die Dorschbestände zurückgehen,
2. neue Fangnetzabmessungen den Beifang von Futterfischen ausschließen,

3. Beifänge und Fischabfälle in den Fischmehlfabriken schon auf hoher See in Fischmehl verwandelt werden.

Dazu kommt, daß die Hauptfangzeiten nicht die Zeiten des höchsten Bedarfes sind. Die Frage einer langen Konservierung (6—7 Monate) muß gelöst werden; für die Kältekonservierung muß neue Kühlhauskapazität in Höhe von 1000 t geschaffen werden; es müssen brauchbare Methoden für den Einsatz von Fischsilage oder Trockenfutter erarbeitet werden. Das gleiche gilt für die Verwendung von Fettfischen. Die vertragliche Lieferung der Fischmengen muß gesichert und mit den Fischkombinaten abgestimmt werden.

Schwierigkeiten gibt es bei der Versorgung mit verzinktem Maschendraht als einzig möglichem Baumaterial für Nerzgehege.

2. Die Fuchszucht

hat in der DDR keine Bedeutung. Die Nachfrage nach Fellen ist gering.

Wir finden in 13 sozialistischen Betrieben 2200 Füchse,
in 54 Privatbetrieben 1000 Füchse.

Eine Blaufuchszucht auf der Grundlage des neuen polnischen Blaufuchses wird angestrebt.

3. Sumpfbiberzucht

Die Situation in der Sumpfbiberzucht der DDR wird gekennzeichnet durch eine Stagnation in der Entwicklung.

Die Sumpfbiberzucht im sozialistischen Sektor hat zwar in den letzten Jahren zugenommen (1958 = 9580 Tiere in 26 Betrieben, 1961 = 22913 Tiere in 51 Betrieben). Am 3. 7. 1961 gab es 3081 private Zuchten mit 65297 Tieren.

Neben betriebswirtschaftlichen Schwierigkeiten haben viele Farmen hohe Jungtierverluste, die in engem Zusammenhang mit mangelnder Farmhygiene stehen. Den sozialistischen Betrieben fehlen Fachkräfte; die Ausbildungsmöglichkeiten für Lehrlinge in der Sumpfbiberzucht sind ungenügend. Die Futterversorgung macht Schwierigkeiten.

Im Jahre 1959 betrug der durchschnittliche Gestehungspreis für ein großes Fell 28—30 DM, heute liegt er bei 35 DM. Die züchterische Entwicklung ist unausgeglichen, die 2132 Züchter liefern unterschiedliches Fellmaterial.

Unsicherheit gibt es bei einigen Züchtern im Gehegebau. Neue Farmen haben aus Unkenntnis mit hohem Kostenaufwand völlig unbrauchbare Gehege gebaut. Die Beratung der Züchter und Ausbildung neuer Fachkräfte ist notwendig. Es ist erforderlich, daß der Leitbetrieb, die Sumpfbiberfarm Lauer, selbständiger Betrieb wird, um so wirksam zu werden, wie es die volkseigene Pelztierfarm Appelburg für die Nerzzucht ist.

4. Chinchillazucht

Anfänge der Chinchillazucht sind in der DDR vorhanden. Der Weltbestand beträgt ca. 3 Millionen Tiere. In Westeuropa ist die Zucht stark verbreitet, in Volkspolen gibt es 3000 Zuchtchinchillas und in der UdSSR wurden Betriebe aufgebaut. Wir sollten uns bemühen, auch in der DDR Erfahrungen in der Chinchillazucht zu sammeln.

Die Situation in der Ziegen- und Milchschafzucht der Deutschen Demokratischen Republik

Bis zum Jahre 1970 soll die Versorgung der Bevölkerung mit Lebensmitteln tierischer Herkunft aus eigener Produktion sichergestellt werden. Gleichzeitig steht vor uns die Aufgabe, eine Reihe wichtiger Rohstoffe aus der tierischen Produktion selbst zu erzeugen, um den Import zu senken. Dadurch werden wertvolle Devisen für den Import anderer wichtiger Waren frei. Um dieses Ziel zu erreichen, ist die Ausnutzung jeder örtlichen Reserve von großer Wichtigkeit.

Neben dem Rind liefern die Ziegen und Milchschafe schon von jeher dem Menschen die für seine Ernährung unentbehrliche Milch. Darüber hinaus darf die Erzeugung von Fleisch, Wolle, Fellen und Dünger nicht übersehen werden. Auch für den Export bereitgestellte hochwertige Zuchttiere haben eine große volkswirtschaftliche Bedeutung.

Bei der Einschätzung der volkswirtschaftlichen Bedeutung darf man die Tatsache nicht außer acht lassen, daß die Ziegen- und Milchschafzucht eine reine nebenberufliche Beschäftigung, d. h., eine ausschließliche Feierabendbeschäftigung ist. Sie trägt namentlich zur erhöhten Selbstversorgung mit Milch, Butter, Käse und Fleisch bei. Außerdem erfolgen nicht unbedeutende Ablieferungen an unsere Erfassungsstellen, die eine bessere Versorgung des Marktes bewirken. Dabei ist besonders die Tatsache von Wichtigkeit, daß die Produkte vorwiegend durch Futtermittel erzeugt werden, die sonst der Verwertung verlorengingen.

1. Milchproduktion

In der Ziegenzucht und -haltung ist der Milchproduktion, die in ihrem Nährwert der Kuhmilch nicht nachsteht, ein besonderes Augenmerk zu schenken. Im Jahre 1959 wurde bei einer Ziegenzahl von ca. 500000 Stück bei einem Landesdurchschnitt von 700 Liter pro Tier und Jahr 350 Mill. kg Milch produziert mit einem Durchschnittsfettgehalt von 3,5%. In Butter umgerechnet ergibt das eine Menge von 12,25 Mill. kg Butter = 49 Mill. Stück Butter. Danach beträgt der Anteil pro Kopf der Bevölkerung aus der Ziegenmilchproduktion 3 Stück Butter im Jahr. Wollte man dieses Aufkommen aus der Ziegenmilchproduktion ersetzen, müßten 129000 Kühe mit einer Durchschnittsleistung von 2700 Liter pro Tier mehr in der DDR gehalten werden. Dabei ist zu bemerken, daß diese 129000 Kühe nicht von den für die Ziegen zur Verwendung kommenden Futtermitteln ernährt werden könnten. Hinzu kommt der Bedarf an Stallräumen und Arbeitskräften. Berücksichtigen wir nun noch den Rückgang von ca. 100000 Ziegen bis 1961, wird der Gegensatz noch deutlicher. Ein besonderes Beispiel gibt uns die in der Außenstelle Erfurt durchgeführte Untersuchung.

Dieses Beispiel zeigt, daß bei einem Rückgang von rund 100000 Ziegen im Land Thüringen, dem ursprünglichen Ziegenland, der Produktionsausfall an Milch und Fellen erheblich ist. Rechnen wir nur eine Leistung pro Ziege von 500 kg Milch im Jahr, so bedeutet das = 50 Mill. kg = 50000 t Milch oder 2000 t Butter. Das

Ziegenbestandsentwicklung in einigen Bezirken der DDR

Bezirk	Bestand		%
	31. 12. 55	31. 5. 61	
Erfurt	92252	56852	40,3
Gera	45969	22756	50,5
Suhl	66522	27779	59,8

sind 133 Waggon à 15 t Butter, sie entsprechen einer Leistung von 18500 Kühen mit einer Jahresleistung pro Kuh von 2700 kg Milch. Zu dieser Milchleistung hinzu kommt der Ausfall von rund 125000 Zickelfellen. Dazu ist weiterhin zu sagen, daß der Produktionsausfall an Milch durch den Rückgang der Ziegen nicht durch Leistungserhöhung der Kühe oder Vergrößerung der Kuhbestände aufgefangen worden ist.

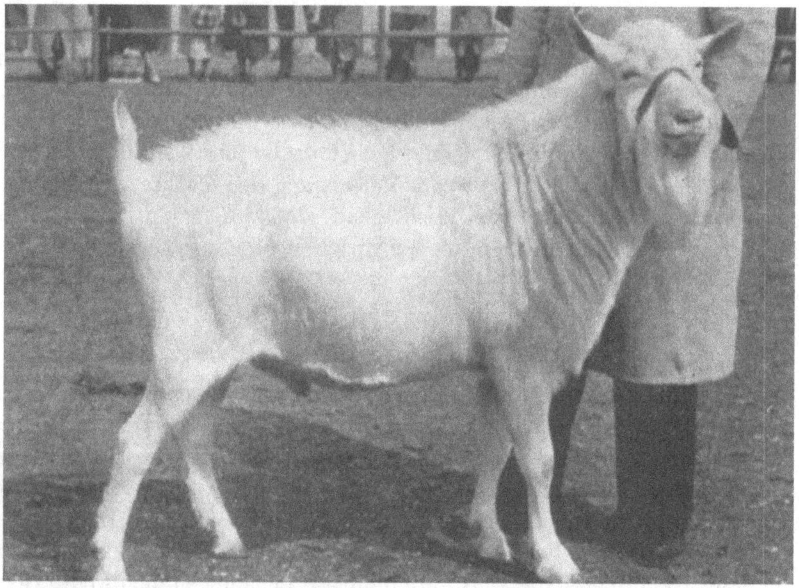

Abb. 6: Bock Keubel 1470, Züchter: Paul Schellhase, Goldbach
Mutterleistung: 7jähriger Durchschnitt: 1113 kg Milch, 3,74% Fett, 41,62 Fett-kg

2. Fleischproduktion

Auch der Anteil an der Fleischproduktion aus der Ziegen- und Milchschafzucht und -haltung ist nicht unbedeutend. Unsere Statistiken weisen nach, daß jährlich ca. 20000 t Ziegen- und Milchschaffleisch erzeugt werden. Sollte diese Produktion beispielsweise durch Schweinefleisch ersetzt werden, so müßten 200000 Mastschweine à 100 kg zusätzlich in die Produktion der sozialistischen Landwirtschaft aufgenommen werden.

Abb. 7: Elsa V 1353, Züchter: Gustav Pieper, Tangermünde
4jähriger Durchschnitt: 1001 kg Milch, 4,35% Fett, 43,57 Fett-kg

3. Felle

Eine ebenso große Bedeutung hat der Anfall von etwa 650000 Ziegen- und Zickelfellen. Die Erzeugung von Ziegen- und Zickelfellen hat aber für unseren Staat eine besondere Bedeutung, da hiermit wertvolle Devisen eingespart werden bzw. für den Ankauf von anderen, für unsere Volkswirtschaft wichtigen Rohstoffen zur Verfügung stehen.

Bei der Ziegen- und Zickelfellproduktion muß aber noch beachtet werden, daß sie durch keine andere Tierart bzw. auch durch keinen sozialistischen Landwirtschaftsbetrieb, wie das beispielsweise bei der Produktion von Milch und Fleisch möglich wäre, ersetzt werden kann. Daß der Staatsplan mit einem Aufkommen von

650000 Stück Fellen

erfüllt werden kann, dafür tragen die Ziegenzüchter und -halter und damit unser Verband der Kleingärtner, Siedler und Kleintierzüchter die Verantwortung.

Fellaufkommen

1960	676231 St.
1961	219214 St.
1962	183073 St.

(Stand vom 30. 4. 62)

4. Wolle

So wie bei den Ziegen die Felle, hat beim Milchschaf die Wolle eine große Bedeutung. Das Aufkommen an Milchschafwolle beträgt jährlich etwa 450 t und somit ca. 18–20% des Gesamtwollaufkommens in der DDR. Der ständig wachsende Bedarf an Schafwolle für unsere Leichtindustrie kann aus der gesamten Feinwollschafzucht nicht gedeckt werden, weil der Herdenhaltung durch den Umfang an Weideflächen und ihrer Ergiebigkeit natürliche Grenzen gesetzt sind. Aus diesem Grunde wird die Wolle der Milchschafe als halbgroße Faser mit herangezogen und zu Kammzug verarbeitet. Gleichzeitig ersetzt sie die aus dem Ausland importierte Cross-breed-Wolle. Hierbei wird auch zugleich eine Lücke in der Herstellung von hochwertigen Mischgarngeweben geschlossen.

5. Export

Außer den bisher unmittelbar genannten meßbaren Werten der Produktion von Milch, Fleisch und Wolle nimmt die Erfüllung des Exportprogramms für die Ziegen- und Milchschafzucht keine unbedeutende Rolle ein. Ein Beweis für die Anerkennung unserer Zuchttiere im sozialistischen und auch kapitalistischen Ausland ist der Export in folgende Länder:

ČSSR	Polen
UdSSR	Ungarn
Rumänien	Jugoslawien
Bulgarien	Türkei
Griechenland	VAR (Syrien bzw. Ägypten)

Jahr	Land	Anforderung		Lieferung		Devisen-wert
		Ziegen	Schafe	Ziegen	Schafe	
1960	Irak	–	5,50	–	–	
	Bulgarien	–	100,100	–	66,60	54000,–
	ČSSR	4	–	4	–	2000,–
	Griechenland	25,175	–	–	–	
1961	SU	–	30,100	–	30,41	35000,–
	ČSSR	25	–	14	–	7000,–
	Griechenland	80,200	–	–	–	
	Griechenland	80 Lämmer	–	–	–	
	VAR	3,100	–	2,42	–	13000,–
	Türkei	–	6,24	–	6,24	15000,–
	Westdeutschland	1	–	1	–	500,–
						126500,–

Bei der Betrachtung der volkswirtschaftlichen Bedeutung unserer Ziegen- und Milchschafzucht darf ebenfalls nicht der wertvolle Dünger außer acht gelassen werden. Der dem Boden zugute kommende hochwertige Naturdung ist ebenfalls im Gesamtrahmen der Volkswirtschaft von großer Bedeutung, da jährlich tausende von Hektar Acker- und Gartenland besser abgedüngt werden können und somit eine wesentliche Ertragssteigerung erreicht wird.

Welchen Gesamtwert ein leistungsfähiger Ziegenbestand hat, geht aus einer Berechnung aus dem Jahre 1949 hervor, in der der Gesamterzeugungswert der Ziegenzucht in der Deutschen Demokratischen Republik

180,5 Mill. DM

aufwies. Da sich der Ziegenbestand von 1949—1960 um ca. 1,2 Mill. verringert hat, ist somit auch der Gesamterzeugungswert erheblich gesunken.

6. Die derzeitige Lage in der Ziegen- und Milchschafzucht

Die Ziegenzucht und -haltung hat, wie in anderen Ländern, besonders in den letzten Jahren einen starken Rückgang zu verzeichnen.

Entwicklung der Ziegenbestände in der DDR von 1950—1960 (in 1000 Stück)

Jahr	Bestand
1950	1628,1
1951	1577,5
1952	1326,5
1953	1136,1
1954	961,0
1955	859,7
1956	764,2
1957	693,9
1958	625,2
1959	547,1
1960	438,9

Zahl der in den einzelnen Bezirken gehaltenen Ziegen

Bezirk	1959	1960	·/·	%
Rostock	8632	6597	2035	23,6
Schwerin	12617	9737	2880	22,8
Neubrandenburg	17433	14137	3296	18,9
Potsdam	37442	29266	8176	21,8
Frankfurt/Oder	29690	24481	5209	17,5
Cottbus	35759	27641	8118	22,7
Magdeburg	63344	50718	12626	19,9
Halle	79147	65352	13795	17,4
Erfurt	69196	56521	12675	18,3
Gera	28728	22870	5858	20,4
Suhl	40704	31503	9201	22,6
Dresden	54441	43147	11294	20,7
Leipzig	41663	34787	6876	16,5
Karl-Marx-Stadt	27247	21996	5251	19,3
				16—24%

Das Absinken der Bestände in der Ziegenzucht hat, abgesehen von der verbesserten Lebenshaltung unserer Bevölkerung, verschiedene Ursachen. Einer der Hauptgründe liegt in der Unterschätzung der Ziegenhaltung bei der Nutzung örtlicher Reserven zur Verbesserung der Versorgung unserer Bevölkerung. Der Umfang des Ausfalles von wertvollen Reserven geht aus den im Situationsbericht aufgeführten Daten hervor.

Bemerkt werden muß weiterhin, daß sich die Ziegenzucht und -haltung immer mehr in die individuelle Hauswirtschaft der Genossenschaftsbauern verlagert (siehe nachstehende Tabelle).

Zahl der in individueller Hauswirtschaft der Genossenschaftsbauern gehaltenen Ziegen (in 1000 Stück)

Jahr	Ziegen
1953	25,2
1954	33,6
1955	40,0
1956	43,0
1957	43,8
1958	56,8
1959	66,8
1960	111,2

Aus diesem Zahlenmaterial ergibt sich im einzelnen folgende Situation:

6.1. In der Herdbuchzucht

In der Herdbuchzucht, als Grundlage für die gesamte Landeszucht und -haltung, hat es besonders in den letzten Jahren starke Rückgänge gegeben:

Außenstelle	1960	1961
Berlin	2930	2693
Halle	1923	1842
Erfurt	2066	1797
Dresden	1885	1398

Diese Rückgänge wirken sich besonders

1. in der Nachzucht von genügend Herdbuchtieren für die eigene Landeszucht,
2. in der Leistungssteigerung,
3. in der Bereitstellung leistungsstarker Vatertiere,
4. in der Erfüllung des Exportplanes

negativ aus. Hinzu kommt die zunächst noch ungenügende Durchführung der Milchleistungsprüfung in vielen Kreisen und Gemeinden. Diese Probleme tragen entscheidend dazu bei, daß die heute noch vorhandenen Herdbuch-Bestände unter den derzeitig bestehenden Bedingungen nicht voll in der Lage sind, die für die Herdbuchzucht gestellten Aufgaben zu erfüllen.

6.2. Vatertierhaltung

Die wichtigste Frage in der gesamten Ziegen- und Milchschafzucht und -haltung ist die Vatertierhaltung. Jede nur geringste Abweichung von den gesetzlich festgelegten Maßnahmen bedeutet Rückgang in der Zucht. Rückgang in der Zucht aber bedeutet Absinken der Leistung. Normalerweise braucht diese Frage gar nicht zum Problem zu werden, da es bis zum heutigen Tage zur Regelung der Vatertierhaltung die Anordnung Nr. 1 über die Körung und Verwendung von Vatertieren vom 27. 3. 1956 (Gesetzblatt Teil I, Nr. 36 vom 9. 4. 1956) gibt. Die bisher aufgetretenen Probleme, die sich besonders in den letzten zwei Jahren zu einem nicht mehr vertretbaren Zustand entwickelt haben, finden ihre Begründung in erster Linie in der Nichteinhaltung und Durchführung dieses Gesetzes durch die Räte der Kreise und Gemeinden.
Im § 15 der Anordnung Nr. 1 ist festgelegt, daß die Räte der Kreise zu veranlassen haben, daß in den Gemeinden die Art und Anzahl der zu haltenden Vatertiere festzulegen ist und die Bürgermeister dafür verantwortlich sind, daß die erforderliche Anzahl von Vatertieren in den Gemeinden vorhanden ist.
Es ist aber Tatsache, daß bei Fehlen gekörter Vatertiere Ziegen und Milchschafe durch Verwendung sogenannter „Schwarz- oder Winkelböcke" gedeckt werden. Der Einsatz von nichtgekörten Vatertieren senkt natürlich bedeutend die Leistungen in der breiten Landeszucht.
Daß sich die Räte der Kreise und Gemeinden oft nicht um die Einhaltung des Gesetzes kümmern, beweist eine im Kreis Sangerhausen im Bezirk Halle durchgeführte Untersuchung. Im Kreisgebiet Sangerhausen gibt es 29 Gemeinden mit insgesamt 1200 Ziegen, in denen kein gekörter Ziegenbock vorhanden ist. Das Nichtvorhandensein von genügend gekörten Vatertieren ist nur eine Seite, auf der anderen Seite aber tritt nach der sozialistischen Umgestaltung der Landwirtschaft und der damit verbundenen Änderung in der Aufgabenstellung unserer BHG eine neue Schwierigkeit auf, und zwar die Frage, wer die Vatertierhaltung übernimmt. Bisher war nach dem Gesetz für die Haltung der Vatertiere die BHG verantwortlich. Nach Abschluß der sozialistischen Umgestaltung der Landwirtschaft wurden die Vatertiere der Großtierzucht (Bullen — Eber) den LPG übergeben. Zurückgeblieben ist die Zuchtbockhaltung für Ziegen und Milchschafe, da sich zum Teil die LPG nicht bereit erklärten, diese Zuchtböcke mit zu übernehmen und die BHG auf Grund der notwendigen Änderungen nicht in der Lage sind, sich weiter mit der Vatertierhaltung zu beschäftigen. Die Folge ist, daß die BHG die Böcke abkören lassen und auch nicht bereit sind, neue anzuschaffen.
Durch diese Verhältnisse konnte eine ordnungsgemäße Bedeckung der Ziegen verschiedentlich nicht gewährleistet werden. Hauptaufgabe des Verbandes der Kleingärtner, Siedler und Kleintierzüchter für die nächste Zeit ist es, schnellstens die

Bezirk	Ziegenbestand 30. 5. 1961	Böcke 1. 1. 1962	Ist V:M	Soll bei V:M 1:60	am 1.1.1962 fehlten Böcke	Eigentumsformen							
						Bes.	VEG	LPG	BHG	KBH	Spa.	Priv.	Gem
Rostock	7098	78	1: 91	118	40	—	2	2	3	—	45	16	10
Schwerin	9615	117	1: 82	160	43	5	—	10	7	—	68	25	2
Neubrandenburg	14426	168	1: 84	240	72	—	1	10	5	—	82	61	9
Potsdam	28760	354	1: 81	479	125	15	—	7	26	179	45	71	11
Frankfurt/Oder	23643	245	1: 96	394	149	25	2	11	8	178	11	4	6
Cottbus	26456	246	1:109	440	194	40	2	6	16	45	69	67	1
Magdeburg	48626	832	1: 58	—	—	4	4	147	47	—	542	81	7
Halle	62224	802	1: 76	1037	235	—	1	274	87	—	297	106	37
Erfurt	56852	658	1: 86	947	289	—	—	13	37	588	—	11	9
Gera	22746	201	1:113	378	177	—	—	—	7	181	11	2	—
Suhl	27779	256	1:109	462	206	22	—	19	43	153	5	4	10
Dresden	35090	289	1:121	584	295	30	2	—	250	—	3	3	—
Leipzig	28413	266	1:106	473	207	3	1	25	175	22	26	6	8
Karl-Marx-Stadt	17386	168	1:103	289	121	1	—	1	128	—	17	20	1
Berlin	634	11	1: 57	—	—	2	—	—	—	—	9	—	—
insgesamt:	409748	4691	1: 87	6001	2153*	147	15	525	839	1346	1230	477	111

* Da in einigen Gemeinden künstlich besamt wurde, verringerte sich der Fehlbestand an Böcken

mit der Vatertierhaltung verbundenen organisatorischen Probleme zu klären. Es gibt bereits eine Vielzahl von Kreisen, die als gute Beispiele dienen können.

Im Kreis Oschatz sind z. Z. 3500 Ziegen vorhanden. Von den BHG werden hierfür 32 Zuchtböcke gehalten. Die Ablieferung von Ziegenmilch an die Molkereien beträgt z. Z. nach Angabe des Kreisvorstandes der VdgB im Kreis Oschatz täglich etwa 2000 kg. Hierzu ist zu bemerken, daß die Ablieferung zu einer Zeit erfolgt, in der fast in allen Betrieben die Lämmeraufzucht durchgeführt wird und dadurch ein großer Teil Milch nicht abgeliefert werden kann. Nach Abschluß der Aufzuchtperiode wird sich die Ablieferungsziffer in jedem Fall erhöhen.

Dieses Beispiel beweist erneut, wie dringend es ist, gerade in der Vatertierhaltung noch vor Beginn der Deckperiode eine Klärung herbeizuführen.

6.3. Leistungsprüfung

Ebenso wichtig wie die ordnungsgemäße Handhabung der Vatertierhaltung ist die Milchleistungsprüfung, denn ohne ordnungsgemäße Durchführung dieser Leistungsprüfung fehlt die Grundlage für die Herdbuchzucht und somit die Bereitstellung von leistungsstarken Vatertieren. Nach anfänglichen organisatorischen Schwierigkeiten konnten in Zusammenarbeit der VVB Tierzucht mit dem Verband der Kleingärtner, Siedler und Kleintierzüchter neuerdings Maßnahmen für eine verbesserte Arbeit getroffen werden.

Geprüft wurden 1960:

Deutsche weiße Edelziege	2895
Deutsche bunte Edelziege	117
insgesamt:	3012

gegenüber einem Herdbuchbestand von 6738 Tieren. Das ist noch ungenügend.

3726 Tiere wurden nicht oder nur teilweise geprüft.

Durch die Nichtprüfung geht eine Reihe von Herdbuchbeständen verloren.

In der Außenstelle Halle wurden in den Jahren 1959 und 1960 kontrolliert:

Jahr	Herdbuchbestand	geprüfte Tiere	Abschlüsse
1959	1923	1618	1329
1960	1636	1217	1168

Eine spezielle Überprüfung wurde in einigen Außenstellen vorgenommen mit folgendem Ergebnis:

a) Altziegen ganzjährig geprüft

Bezirk	Jahr	Betriebe	geprüfte Tiere	Durchschnitt Milch kg	Fett %	Fett kg
Dresden	1958	159	310	854	3,34	28,48
	1959	131	231	874	3,38	29,56
	1960	99	196	834	3,40	28,31
	1961	78	156	824	3,36	27,72
Karl-Marx-Stadt	1958	155	251	854	3,48	29,70
	1959	134	220	834	3,52	29,39
	1960	101	167	856	3,60	30,80
	1961	90	164	831	3,58	29,72
Leipzig	1958	156	253	865	3,53	30,51
	1959	125	194	905	3,49	31,63
	1960	130	194	887	3,51	31,16
	1961	127	208	871	3,51	30,54
Gera (Pausa)	1958	16	30	882	3,40	30,01
	1959	17	32	847	3,41	28,84
	1960	11	33	864	3,48	30,09
	1961	11	26	871	3,70	32,22
Zuchtgebiet	1958	486	844	858	3,44	29,51
	1959	407	677	869	3,46	30,07
	1960	341	590	859	3,50	30,05
	1961	306	554	846	3,50	29,58

Aus dieser Übersicht geht hervor, daß die Anzahl der geprüften Tiere von Jahr zu Jahr zurückgegangen ist. Die Hauptursachen dieses Rückganges liegen in der damals ungeklärten Situation der Leistungsprüfung.

6.4. Künstliche Besamung

Im Gegensatz zu anderen Ländern hat in der DDR die Ziegenbesamung einen großen Aufschwung genommen. Während bis 1954 die KB vorzugsweise durch ausgebildete „Laienkräfte" aus den Reihen der Ziegenzüchter durchgeführt wurde, haben seit 1955 die VE Besamungsstationen neben der Rinderbesamung zum Teil auch die Besamung der Ziegen übernommen. Im allgemeinen wird so verfahren, daß auf einer möglichst zentral gelegenen Deckstation die Samengewinnung und -behandlung erfolgt; außerdem werden dort zu einer bestimmten Zeit die im gleichen Ort bzw. in der Nähe gehaltenen Ziegen besamt (Zuführungsbesamung). Dieser Hauptstation sind eine oder mehrere Nebenstationen angeschlossen, wohin das Sperma geschickt wird. In den Nebenstellen werden die zugeführten Ziegen zu bestimmten Tageszeiten besamt.

Eine Besamung der Tiere im Stall des Züchters erfolgt nur in den seltensten Fällen.

b) Erstlinge

Bezirk	Jahr	geprüfte Tiere	Durchschnitt Milch kg	Fett %	Fett kg
Dresden	1958	54	620	3,42	21,20
	1959	35	690	3,34	23,09
	1960	25	717	3,33	23,92
	1961	15	637	3,40	21,67
Karl-Marx-Stadt	1958	59	611	3,49	21,35
	1969	34	642	3,47	22,25
	1960	35	655	3,39	22,17
	1961	16	576	3,52	20,26
Leipzig	1958	45	633	3,40	21,52
	1959	59	623	3,38	21,10
	1960	52	685	3,31	22,68
	1961	38	632	3,46	21,85
Gera (Pausa)	1958	12	603	3,65	22,00
	1959	11	630	3,30	20,78
	1960	3	515	3,51	18,11
	1961	7	696	3,78	26,32
Zuchtgebiet	1958	170	619	3,46	21,39
	1959	139	645	3,39	21,86
	1960	115	679	3,34	22,67
	1961	76	627	3,49	21,89

Seit einigen Jahren werden auch auf den Rinderbesamungsstationen Ziegenböcke gehalten. Die erzielten Erfolge sind zufriedenstellend. Besonders gute Ergebnisse konnten durch die Besamungsstationen Cottbus, Meißen und den Kreisbockhaltungsverein Arnstadt erzielt werden.
Es ist notwendig, daß alle in Frage kommenden VE Besamungsstationen die KB bei Ziegen zukünftig im Betriebsplan aufnehmen, damit finanziell und organisatorisch die entsprechenden Voraussetzungen geschaffen werden können.

6.5. Gebühren

Nach der Verordnung über die Verwaltungsgebührentarife zur Verordnung über die staatlichen Verwaltungsgebühren vom 9. 12. 1955 im Absatz L III C/2 sind je Ziege (Muttertier) nach dem Stichtag der Viehzählung vom 3. 12 jedes Jahres 0,50 DM Zuchtförderungsgebühren zu erheben, die jeweils am 31. 3. des der Viehzählung folgenden Jahres fällig sind. Gemäß Verfügung des Ministers für Landwirtschaft, Erfassung und Forstwirtschaft vom 12. 1. 1959 sind diese Gebühren an den Verband der Kleingärtner, Siedler und Kleintierzüchter, Fachrichtung Ziegen- und Milchschafzüchter, für die Durchführung der Ziegenherdbuchzucht von den Räten der Kreise an die jeweils zuständigen Außenstellen zu überweisen. Sie bilden die Grundlage zur Finanzierung der Arbeit der Außenstellen der Fachrichtung Ziegen- und Milchschafzüchter. Auch in diesem Fall findet nicht immer die Einhaltung des Gesetzes durch die Räte der Kreise seine Anwendung, zum anderen aber sind die Räte der Kreise nicht in der Lage, die Gebühren einzuziehen, weil zum Teil die gekörten Vatertiere nicht vorhanden sind bzw. die Bockhalter fehlen, die für den Einzug der Zuchtförderungsgebühren bei jedem Ziegenbesitzer verantwortlich sind. So schreibt beispielsweise der Rat des Kreises Gera, daß er von den Gemeinden Endschütz, Hein, Wünschendorf, Niederdorf, Ager, Schwarzenbach und Hermsdorf keine Zuchtförderungsgebühren überwiesen bekommen hat, da in den Gemeinden keine Bockhalter vorhanden sind und somit die Gebühren nicht eingezogen werden können.

Genau wie bei den Ziegen sollten für die Milchschafe Zuchtförderungsgebühren erhoben werden, um auch für diesen Zweig der Tierzucht eine entsprechende Finanzierungsgrundlage zu schaffen.

7. Schlußfolgerungen

Aus der bisher aufgezeigten Situation ergeben sich zur Regelung und ordnungsgemäßen Durchführung der Ziegen- und Milchschafzucht und -haltung folgende Schlußfolgerungen:

7.1. Für die Herdbuchzucht

Zur Erhaltung der z. Z. noch vorhandenen Herdbuchbestände ist ein besonderes Augenmerk auf die Betreuung der Herdbuchbetriebe zu legen. Das gilt in erster Linie für die Außenstellen Ziegen- und Milchschafzüchter und ihre Instrukteure. Die regelmäßige Durchführung der Milchleistungsprüfung muß als ein Schwerpunkt der Verbandsarbeit gewährleistet werden.

Entsprechend den Herdbuchbestimmungen sind nochmals alle Herdbuchzüchter aufzuklären, daß keine zuchtfähigen Lämmer von Herdbuchtieren ohne Zustimmung der Herdbuchstelle geschlachtet oder verkauft werden sollten. Nur durch eine solche strenge Kontrolle werden wir in die Lage versetzt, die Voraussetzungen zu schaffen, eine Erweiterung der Herdbuchbestände zur Sicherstellung des erforderlichen Vater- und Muttertiermaterials zu gewährleisten.

Es wäre ein wirksamer materieller Anreiz, wenn Aufzuchtfutter auch für weibliche Lämmer bereitgestellt würde, um alle zur Zucht tauglichen Lämmer aufziehen und entsprechend einsetzen zu können. Die erforderlichen Futtermengen müßten für die nächsten Jahre in den Plänen berücksichtigt werden.

Um die Einführung der vollmilchsparenden Aufzucht auch in der Ziegenzucht zu unterstützen und den Kleintierhaltern die Möglichkeit zu geben, Magermilch für ihre Geflügelbestände und die individuelle Schweinehaltung als Eiweißfutter einzusetzen, muß die Rücklieferung von 40% Magermilch allgemein durchgesetzt werden. Die gesetzliche Vergünstigung bei Ablieferung von Milch aus tbc-freien

Beständen ist auch für die Ziegenzucht allgemein anzuwenden, um zu erreichen, daß sich alle Ziegenzüchter der Tbc-Sanierung anschließen und somit tbc-freie Gemeinden und Kreise aufgebaut werden können.

Die Molkereien sind anzuweisen, die Annahme der Ziegenmilch ordnungsgemäß durchzuführen und einheitlich nur die gesetzlich zugelassene Verarbeitungsgebühr von 0,02 DM zu erheben.

7.2. Vatertierhaltung

Bei einer Änderung der gesetzlichen Grundlage für die Ziegen- und Milchschafbockhaltung, die mit Erlaß des Tierzuchtgesetzes eintritt, sind zur Regelung der Vatertierhaltung folgende Maßnahmen notwendig:

7.2.1. Verpflichtung zur Haltung der Zuchtböcke

Für jeweils 60 Ziegen muß nach der gesetzlichen Anordnung zur Bedeckung 1 Zuchtbock vorhanden sein. Nach der z. Z. geltenden Anordnung haben die Räte der Gemeinden dafür Sorge zu tragen, daß die erforderliche Anzahl von Zuchtböcken zum Decken weiblicher Tiere bereitgestellt wird.

Sind in einer Gemeinde für die Aufstellung eines Zuchtbockes nicht genügend Muttertiere vorhanden, sind im Einvernehmen mit der Organisation des Verbandes der Kleingärtner, Siedler und Kleintierzüchter Deckbezirke zu bilden, die zwei oder mehrere Gemeinden umfassen.

Träger der Zuchtbockhaltung wird die Organisation des Verbandes der Kleingärtner, Siedler und Kleintierzüchter, Fachrichtung Ziegen- und Milchschafzüchter.

7.2.2. Haltungsformen und Eigentumsverhältnisse

Träger der Zuchtbockhaltung sind vorwiegend die BHG (siehe Tabelle Vatertierbestand). Da entsprechend der Entwicklung der sozialistischen Landwirtschaft auch die BHG andere Aufgaben als bisher zu lösen haben, wurde bereits die Vatertierhaltung beim Großvieh (Bullen — Eber) aus den BHG herausgelöst und den LPG bzw. VEG übertragen. Für die Ziegen- und Milchschafböcke muß die Übergabe an den Verband der Kleingärtner, Siedler und Kleintierzüchter erfolgen. Das Sekretariat des Zentralvorstandes muß mit dem Sekretariat des Zentralvorstandes der VdgB beschließen, daß die Übergabe der Vatertiere von den BHG an den Verband der KSK entschädigungslos zu erfolgen hat; ebenso wie im Jahre 1952 die Organisation die Vatertiere entschädigungslos an die BHG übergeben hatte.

Bei dieser Änderung der Zuchtbockhaltung sind innerhalb unseres Verbandes Kreisbockhaltungsgemeinschaften zu bilden nach dem Beispiel der bereits zahlreich bestehenden Kreisbockhaltungsgemeinschaften.

7.2.3. Futterversorgung

Für die Futterversorgung der Zuchtböcke ist auch weiterhin die Bereitstellung einer Futterfläche erforderlich. Die Freistellung dieser Futterfläche muß wie bisher vom Rat des Kreises und den betreffenden Gemeinden erfolgen, in denen die Zuchtböcke ihren Standort haben.
Als Mindestfutterfläche werden je nach Futterwüchsigkeit pro Bock etwa 0,2 bis 0,5 ha Acker- und Grünland benötigt. Die bisher übliche Kraftfutterzuteilung — 45 bis 50 kg im Quartal pro Bock — muß bestehen bleiben. Futterfläche und Kraftfutterzuschuß sind Hauptgrundlagen der Zuchtbockhaltung.

7.2.4. Finanzierung

Die Zuchtböcke werden nur in einer verhältnismäßig kurzen Deckperiode in Anspruch genommen, dann aber müssen sie das ganze Jahr gehalten und gefüttert werden. Die Einnahmen während der Deckperiode müssen so ausreichend sein, daß die Haltung des Zuchtbockes für das ganze Jahr gesichert ist. Berücksichtigt werden muß eine angemessene Bezahlung des Bockhalters. Durch die starke Geruchsbelästigung der Böcke finden sich kaum noch Bockhalter, welche die Haltung der Zuchtböcke übernehmen.
Durch den Rückgang der Tierbestände haben sich die Deckbezirke vergrößert. Ein Teil der Muttertierhalter läßt aus Bequemlichkeitsgründen seine Tiere nicht decken und benutzt in vielen Fällen junge, unkontrollierbare „Winkelböcke“, die nach der Deckperiode geschlachtet werden. Der im Deckbezirk aufgestellte gekörte Zuchtbock ist aus diesem Grunde nicht ausgelastet und somit finanziell nicht tragbar.
Die Aufstellung der gekörten Zuchtböcke im Kreismaßstab erfolgt gemäß der Viehzählung. Jeder Halter eines Muttertieres müßte den aufgestellten gekörten Zuchtbock zur Bedeckung seiner Tiere in Anspruch nehmen, was jedoch nicht der Fall ist. Um dieses Ziel zu erreichen, muß jeder Ziegenhalter verpflichtet werden, einen Teil der Kosten (Umlage) für die Zuchtbockhaltung aufzubringen. Durch die Kostenbeteiligung aller wird die Benutzung der gekörten Zuchtböcke sichergestellt, der Schwarzbockhaltung Einhalt geboten und eine ausreichende Finanzierungsgrundlage geschaffen.
Maßgebend für die Zahlung der Deckumlage muß der Bestand an weiblichen Tieren im Alter von 6 Monaten und darüber sein. Eine Kontrollmöglichkeit bietet die Viehzählung im Dezember eines jeden Jahres. Dafür aber ist es erforderlich, daß die Ziegen und Milchschafe bei der jährlichen Viehzählung gesondert aufgeführt werden.
Z. Z. werden 6,— bis 8,— DM pro Ziege Umlage erhoben. Für die Haltung, Fütterung und Pflege eines Zuchtbockes werden im Durschchnitt 250,— bis 400,— DM gezahlt.
Um der Kreisbockhaltung die entsprechende Finanzierungsmöglichkeit zu geben, ist es notwendig, die Erhebung und Einziehung der Deckumlage durch die Gemeinden vorzunehmen und hierfür die rechtliche Grundlage zu schaffen. Als beispielhaft kann ein Beschluß des Rates des Kreises Schleiz betrachtet werden,

wonach für jede bei der Viehzählung festgestellte Ziege die Deckumlage abzuführen ist.

7.3. Leistungsprüfung

Die Leistungsprüfung ist dem Verband der Kleingärtner, Siedler und Kleintierzüchter verantwortlich übertragen worden. Es kommt zukünftig darauf an, bei der Prüfung eine möglichst große Zahl von Herdbuchtieren zu erfassen. Auf lückenlose, exakte Arbeitsweise ist besonders zu achten.

7.4. Die Bekämpfung der Unfruchtbarkeit bei Ziegenböcken

Die Zahl der unfruchtbaren Ziegenböcke ist im Gegensatz zu anderen Tierarten verhältnismäßig hoch. Auf Anregung von Herrn Prof. Dr. Jan Gerriets wurden in Hauptzuchtgebieten der DDR seit 1950 systematische Untersuchungen der zur Körung vorgestellten Jungböcke auf Hodenanomalien, besonders auf Samenstauung durchgeführt. Aus der Erkenntnis heraus, daß diese Fruchtbarkeitsstörungen vorwiegend Erbkrankheiten darstellen, ist die Forderung um so mehr gerechtfertigt, daß die Herdbücher künftig mehr über die Fruchtbarkeitsverhältnisse der Tiere enthalten sollen. Dabei ist erforderlich, daß besonders die Vatertiere nicht nur nach den Leistungen ihrer Vorfahren und Nachkommen in bezug auf Milch und Fett ausgewählt werden, sondern in stärkerem Maße auch hinsichtlich ihrer Fruchtbarkeitsvererbung. Die vorhandenen umfangreichen Untersuchungsergebnisse sind züchterisch auszuwerten und Linien mit besonders guten Fruchtbarkeitsverhältnissen bevorzugt einzusetzen.

Die seit dem Jahre 1956 bestehende Versicherung der Jungböcke gegen Samenstauung hat sich bewährt und sollte beibehalten werden. Der Versicherungsschutz beginnt am Tage des Auftriebes und endet $^1/_2$ Jahr nach dem Verkauf. Als Versicherungsprämie werden von allen zum Verkauf kommenden Jungziegenböcken 7% vom Verkaufspreis erhoben und zwar 3,5% vom Verkäufer und 3,5% vom Käufer.

Die Versicherungsprämien werden mit den Verkaufs- bzw. Kaufabrechnungen durch den VEAB erhoben. Die Versicherungssumme beträgt:

1. für die infolge Samenstauung nicht zum Verkauf kommenden Jungziegenböcke DM 200,—,
2. für die verkauften Jungböcke ist es der Kaufpreis ohne Handelsspanne und Transportkosten, abzüglich Erlös für Fleisch und Haut.

Wird ein versicherter Jungbock wegen Samenstauung nicht gekört, so sind folgende Papiere an den Verband des KSK Fachrichtung Ziegen- und Milchschafzüchter zwecks Weiterleitung an die Kreisdirektion der DVA am Sitze des Bezirkshandelskontors einzureichen:

1. kreistierärztliches Zeugnis, mit dem die Samenstauung nachgewiesen wird,
2. Nachweis über die erfolgte Voruntersuchung auf Konstitutionsmängel, Kleinhodigkeit usw. (ausschließlich Samenstauung).
3. Nachweis über die erfolgte Kastration bzw. Schlachtung.

Zusammenfassung

In der Ziegenzucht ist der Milchproduktion besonderes Augenmerk zu schenken. Im Jahre 1959 wurden bei einer Ziegenzahl von 500000 Stück und einem Landesdurchschnitt von 700 kg pro Tier insgesamt 350 Mill. kg Milch produziert mit einem Durchschnittsfettgehalt von 3,5%. In Butter umgerechnet ergibt dies eine Menge von 12,25 Mill. kg Butter.

Wollte man dieses Aufkommen aus der Ziegenmilchproduktion ersetzen, müßten 129000 Kühe mit einer Durchschnittsleistung von 2700 kg pro Tier mehr in der DDR gehalten werden.

Die durchschnittliche Milchleistung der im Jahre 1961 kontrollierten Ziegen betrug 877 kg bei 3,47% Fett und 30,41 kg Milchfett.

Auch der Anteil an der Fleischproduktion ist nicht unbedeutend. Es werden jährlich ca. 20000 t Ziegen- und Milchschaffleisch erzeugt.

Eine große Beachtung verdient der Anfall von ca. 650000 Ziegen- und Zickelfellen.

Die Ziegen- und Milchschafzucht hat an der Erfüllung des Exportprogramms einen gewissen Anteil. In den beiden letzten Jahren sind für 127000 DM Zuchttiere in Länder des sozialistischen und kapitalistischen Auslandes exportiert worden.

Bei der Einschätzung der volkswirtschaftlichen Bedeutung darf man nicht vergessen, daß die Ziegenzucht eine nebenberufliche Beschäftigung darstellt und die Leistungen zum großen Teil durch Futtermittel erzeugt werden, die sonst ungenutzt blieben.

Die Ziegenhaltung ist in den letzten Jahren stark zurückgegangen. Während 1950 noch 1628000 Tiere gehalten wurden, waren es 1960 nur noch 439000. Das Absinken hat — neben der verbesserten Lebenshaltung der Bevölkerung — seine Ursache in der Unterschätzung der Nutzung örtlicher Reserven zur Verbesserung der Versorgung.

Besonders in der Herdbuchzucht hat es starke Rückgänge gegeben. In der DDR fehlten im Jahre 1961 zahlreiche Zuchtböcke, um die Bedeckung der gehaltenen Ziegen zu gewährleisten. Im Kreisgebiet Sangerhausen z. B. gibt es 29 Gemeinden mit insgesamt 1200 Ziegen, in denen kein gekörter Ziegenbock vorhanden ist.

Auch die Durchführung der Milchleistungsprüfung erfolgt mangelhaft. Von den im Jahre 1960 vorhandenen 6738 Herdbuchtieren standen nur 3726 Tiere unter Milchkontrolle.

Einen besonderen Schwerpunkt in der Ziegenhaltung bildet die künstliche Besamung.

Die Arbeitsgemeinschaft hat in einer Ausarbeitung im einzelnen die Maßnahmen aufgeführt, die eine Veränderung der geschilderten Unzulänglichkeiten bewirken können. Um die vorhandenen Herdbuchbestände zu erhalten, ist die Bereitstellung von Aufzuchtfuttermitteln für weibliche Tiere vorzunehmen. Für die Milchablieferung im freien Aufkauf müssen weiterhin Eiweißfuttermittel bereitgestellt werden. Es sind vor allem die Fragen der Vatertierhaltung zu klären. Die Zuchtböcke sind von den BHG dem Verband der Kleingärtner etc. entschädigungslos zu übergeben; danach wären Kreisbockhaltungsvereine zu gründen. Für die Futterversorgung der Zuchtböcke ist nach wie vor Bereitstellung einer Futterfläche nötig. Die bisher übliche Kraftfutterzuteilung muß bestehen bleiben. Für die Unkostendeckung der Bockhaltung hat jeder Ziegenhalter beizutragen.

Der Durchführung der Milchkontrolle ist besondere Bedeutung beizumessen.

Es ist notwendig, daß der Stellenplan des Verbandes der Kleingärtner, Siedler und Kleintierzüchter überprüft wird; die Außenstellen sind so zu besetzen, daß eine ordnungsgemäße Zuchtleitung gewährleistet ist.

Die Situation in der Kaninchenzucht und -haltung der Deutschen Demokratischen Republik

Die Kaninchenhaltung, ihr Umfang und ihre Produktivität werden in entscheidendem Maße von der ökonomischen Struktur eines Landes, vom Versorgungsniveau und von den Lebensgewohnheiten seiner Bevölkerung bestimmt.

In Zeiten einer gewissen Notlage bei der Versorgung der Bevölkerung mit Lebensmitteln, wie sie sich in und nach Kriegsjahren besonders zeigen, ist die individuelle Kleinhaltung an Kaninchen in starkem Umfang entwickelt. Ihre Produkte dienen hier der notdürftigen Deckung des Nahrungsbedarfs der Menschen und werden mit einem hohen Aufwand an menschlicher Arbeitskraft (Sammeln von Küchenabfällen und anderem natürlichen Kaninchenfutter) erzeugt.

Andererseits erhöht sich die Kaninchenfleischproduktion stark in Staaten und auch in gewissen Zeiten, in denen das Lebensniveau sehr hoch ist und sich die

Abb. 12: Kaninchenzuchtanlage des VE Lehr- und Versuchsgutes Altenberga

Bedürfnisse der Konsumenten derart entwickelt haben, daß hochwertige, leicht verdauliche und bekömmliche Nahrungsmittel verlangt werden. Unter diesen Bedingungen ist auch die Möglichkeit gegeben, die Produktivität in der Kaninchenhaltung entscheidend zu verbessern und somit Kaninchenfleisch in Großbetrieben mit entsprechender Mechanisierung zu erzeugen. Die höhere Arbeitsproduktivität hat eine erhebliche Kostensenkung zur Folge. Der daraus resultierende niedrige Verkaufspreis ist wiederum ein Anreiz zum erhöhten Kauf von Kaninchenfleisch und damit gleichzeitig für die Erweiterung der gesamten Produktion.

In starkem Maße wird die Kaninchenhaltung auch durch den Bedarf der Fell-, Haar- und Wollindustrie bestimmt, deren Aufkaufpreisgestaltung die Entwicklung dieses Tierzuchtzweiges entscheidend beeinflußt. Unter diesen Gesichtspunkten muß die bisherige Entwicklung der Kaninchenhaltung und ihre künftige Gestaltung in der DDR gesehen werden.

1. Volkswirtschaftliche Kennzahlen

Die Bestandszahlen an Kaninchen, die sich aus einer offiziellen Tierzählung zu einem bestimmten Termin ergeben, sind äußerst vorsichtig zu betrachten, geben sie doch keine Auskunft über die Anzahl der Zuchttiere, die in erster Linie entscheidend sind für die Einschätzung einer Tierart.

MÄNNEL gibt für 1949 einen um 235% höheren Kaninchenbestand gegenüber dem Jahre 1938 an. In der folgenden Zeit veränderten sich die Bestände nach Angaben

Abb. 13: Hochbewerteter Rammler der Rasse „Weiße Wiener". Züchter: Inst. für Tierzucht, Jena

der Fachrichtung Rassekaninchenzüchter im Zentralverband der Kleingärtner, Siedler und Kleintierzüchter wie folgt:

Zahl der in der DDR gehaltenen Kaninchen

1950	9230000 St.
1952	4750000 St.
1955	2689000 St.
1958	2660000 St.
1959	3090000 St.

Wir erkennen also einen Rückgang der Kaninchenhaltung, der im wesentlichen auf die Verbesserung der Lebenslage unserer Bevölkerung zurückzuführen ist.

Selbst bei der Entwicklung der Weißen Angora, die in erster Linie von interessierten Rassekaninchenzüchtern gehalten werden, zeigt sich eine abfallende Tendenz in der Wollerzeugung, die auf eine Verringerung der Tierbestände zurückzuführen ist, da gerade die Angorazüchter, unterstützt und gefördert durch die Angoraleistungsprüfung, bestrebt sind, den Leistungsstand ihrer Kaninchenrasse ständig zu verbessern.

Erzeugung von Angorawolle (nach Aufkaufmengen der Spinnerei Rodewisch/Vogtld.)

Jahr	Wolle	I. Qualität
1952	44,0 t	49,9%
1953	57,3 t	53,4%
1955	81,5 t	55,8%
1956	86,5 t	59,0%
1957	74,7 t	62,0%
1958	70,1 t	65,0%
1959	63,0 t	69,4%
1960	57,8 t	66,4%
1961	42,0 t	–

Abb. 14: Angorakaninchen

Zum besseren Verständnis der aufgeführten Bestandszahlen soll noch der Wert der erzeugten Kaninchenprodukte für das Jahr 1959 dienen.

8 Mill. Kaninchen	à 1,5 kg = 12 Mill. kg Fleisch	40,0 Mill. DM
8 Mill. Felle	à 1,0 DM	8,0 Mill. DM
70000 kg Wolle	(1,– kg = 30,00 DM)	2,1 Mill. DM
4 Mill. dt Dung	(1,– dt = 1,00 DM)	4,0 Mill. DM
		54,1 Mill. DM

2. Verteilung des Kaninchenbestandes

Ermittlungen von Männel aus dem Jahre 1949 ergaben eine Verteilung der Kaninchenzuchten auf folgende Betriebsgrößen:

0,5% in Betrieben mit 1– 100 m² Garten oder Ackerfläche
34,5% in Betrieben mit 101– 1000 m² Garten oder Ackerfläche
44,4% in Betrieben mit 1001– 5000 m² Garten oder Ackerfläche
13,7% in Betrieben mit 5001–10000 m² Garten oder Ackerfläche
6,9% in Betrieben mit über 10000 m² Garten oder Ackerfläche

Eine ähnliche Verteilung dürfte auch für den derzeitigen Stand der Kaninchenhaltung zutreffen und damit der Beweis erbracht sein, daß unter den gegebenen Voraussetzungen die Kaninchenfleischproduktion nur als Nebenerwerbszweig der Siedler, Kleingärtner und Kleintierzüchter angesehen werden kann.

Der Hauptanteil der Zuchten befindet sich in Betrieben mit einer genügend großen Garten- und Ackerfläche, was wiederum beweist, daß eine alleinige Fütterung auf der Basis von Küchenabfällen kaum möglich sein dürfte. Dies beweisen auch die Zahlen von DUNKEL, der feststellte, daß 96,3% der befragten Züchter einen Garten oder ein Siedlungsgrundstück besaßen und nur 3,7% der Kaninchen von Menschen gehalten wurden, die gar keine eigene Futtergrundlage hatten.

3. Physiologische Probleme der Kaninchenzucht

3.1. Die Vermehrungsrate

ist im Durchschnitt aller Betriebe sehr niedrig und lag in den vergangenen 10 Jahren bei 3,5—6,5 Jungtieren bei ein- und zweimaliger Zuchtbenutzung je Häsin und Jahr. Dadurch ergibt sich eine hohe Belastung der Fleischproduktion durch die Haltung und Fütterung von sehr vielen Zuchttieren, deren Unterbringung in Einzelboxen den Kostenaufwand maßgeblich bestimmt. Ursachen für die niedrige Vermehrungsrate sind mangelhafte Fruchtbarkeit, Nichtträchtigwerden, Verwerfen, Töten und Auffressen der Jungtiere durch die Häsin, Erstarren der Jungtiere durch ungenügenden Nestbau und Aufzuchterkrankungen der Nachzucht. Besonders in der Sowjetunion sind bedeutend günstigere Aufzuchtergebnisse erzielt worden, wobei von einer Zuchthäsin jährlich ca. 5 und mehr Würfe gewonnen und aufgezogen werden. Untersuchungen des Instituts für Geflügel- und Pelztierzucht der Humboldt-Universität zu Berlin haben diese Möglichkeit bestätigt. Dabei sind jedoch optimale Fütterungs- und Haltungsbedingungen einschließlich der Betreuung durch hochqualifizierte Fachkräfte die unentbehrliche Voraussetzung, wie dies beispielsweise in der SU der Fall ist.

Bei entsprechender Lösung der Betreuungspersonalfrage sollte das Ziel auf eine viermalige erfolgreiche Zuchtbenutzung der Häsinnen gerichtet sein, durch die mindestens 20 schlachtreife Jungtiere erzeugt werden. Es ist unter den besagten Voraussetzungen möglich, Häsinnen bereits 4—5 Wochen nach dem Werfen wieder decken zu lassen und mit der 6. Woche die Jungtiere abzusetzen. Außerdem ist es bei entsprechendem Entwicklungsgrad möglich, 4—5 Monate alte Junghäsinnen bereits zur Zucht zu verwenden. Auf diesem Wege könnten wir das Verhältnis zwischen Schlacht- und Zuchttieren wesentlich günstiger gestalten.

3.2. Die Futterverwertung

ist äußerst ungünstig, wenn nicht hochwertige Alleinfuttermittel verwandt werden können.

In Blumberger Versuchen des Instituts für Geflügel- und Pelztierzucht wurde bestätigt, daß mit Abfallfutter (Grünfutter, Kartoffeln, Brotresten, Heu) kein optimaler Masterfolg erzielt werden kann.

Als Beispiel dafür mögen die Ergebnisse des folgenden Rassevergleichs zwischen Hellen Großsilber (HGrS)und Kleinchinchilla (KlCh) dienen. In diesem Versuch, der sich über 84 Tage erstreckte und mit Tieren im Alter von 2 Monaten durchgeführt wurde, verzehren 2,1 HGrS täglich 366 g Grünfutter, 6,1 g Heu, 12,7 g Brotreste und 147,8 g Kartoffeln. 2,2 Kleinchinchilla verzehren täglich 345 g Grünfutter, 5,6 g Heu, 13,1 g Brotreste, 121,7 g Kartoffeln. Das Eiweiß : Stärke-Verhältnis betrug bei den HGrS 1 : 5,9 und bei den KlCh 1 : 5,7.

Wachstum und Futterverwertung bei Abfallfütterung bis 5. Lebensmonat

Rassen	HGrS	KlCh
Anfangsgewicht i. g.	1152	904
Endgewicht i. g.	2812	2011
Zunahme i. g.	1660	1107
Gesamt-Nährstoff-Verbrauch i. g.	7433	6732
Verwertungszahl	488	608

Aus der Tabelle geht die Überlegenheit der HGrS hervor, die gegenüber den KlCh besser abschneiden. Dies ist darauf zurückzuführen, daß bei ihnen die Zeit des intensiven Wachstums länger andauert und auf Grund dessen das Futter besser verwertet wird. Im Vergleich zu den bekannten Verwertungszahlen beim Geflügel oder beim Schwein erscheint die Kaninchenmast in der voranstehenden Form als völlig unwirtschaftlich. Es muß aber darauf hingewiesen werden, daß sämtliche Futtermittel als Abfälle zur Verfügung standen und daher die Futtermittelproduktion in keiner Weise belastet wurde. Um zu überprüfen, ob in der Kaninchenmast durch intensive Fütterung ähnliche Ergebnisse erzielt werden können wie beim Huhn und Schwein, wurde ein Versuch durchgeführt, in dem ein hochwertiges Kraftfutter in Schrot- und Pelletform neben Grünfutter gereicht wurde. Jede Versuchsgruppe umfaßte 2 Kleinchinchilla, 3 Helle Großsilber, 1 Kreuzungstier HGrS × KlCh und 1 Kreuzungstier KlCh × WW (Weiße Wiener).

Das Kraftfutter hatte folgende Zusammensetzung: 38,0% Weizenschrot, 12,0% Weizenkleie, 9,0% Gerstenschrot, 9,0% Maisschrot, 9,0% Haferschrot, 3,0% Grünmehl, 3,0% Sojaextr.-Schrot, 1,2% Malzkeime, 9,0% Fischmehl, 3,0% Futterhefe, 3,8% Mineralstoffgemisch.
Je kg dieses Futters wurden 10000 IE Vitamin A und 800 IE Vitamin D 3 zugesetzt. Die Pelletierung erfolgte im VEB(K) Geflügelmast Alt-Glienicke. In der 8wöchigen Mastzeit von der 8. bis 16. Lebenswoche wurden die Ergebnisse der umseitigen Tabelle erzielt.

Die Tabelle zeigt, daß wiederum die HGrS sowie deren Kreuzungen den KlCh deutlich überlegen sind. Die Verwertungszahlen von 240 und 263 der HGrS sind durchaus vertretbar und können durch entsprechende Zuchtwahl noch verbessert werden. Die gute Futterverwertung bei der vorliegenden intensiven Fütterung ist vor allem auf die verkürzte Mastzeit zur Erreichung des Schlachtgewichtes zurückzuführen. Besonders hervorzuheben ist noch die Fütterung mit Pellets, die gegenüber der Schrotfütterung äußerst günstige Ergebnisse gebracht hat. Dies deutet an, daß eine intensive Kaninchenmast, die eventuell in Zukunft in begrenztem Rahmen durchgeführt wird, auf der Grundlage der Pelletfütterung erfolgen muß.

Wachstum und Futterverwertung bei intensiver Fütterung*

Pelletfütterung	2,0 KlCh	2,1 HGrS	1,0 HGrs × KlCh	0,1 KlCh × WW
Anfangsgewicht i. g.	1082	1268	1070	1350
Endgewicht i. g.	1967	2909	2475	2650
Zunahme i. g.	885	1441	1405	1300
Trockenfuttersubstanz je 100 g Zunahme	525	341	379	416
Verwertungszahl	363	240	264	290

Schrotfütterung	1,1 KlCh	1,2 HGrS	0,1 HGrS × KlCh	0,1 KlCh × WW
Anfangsgewicht i. g.	1055	1157	1140	1025
Endgewicht i. g.	1855	2447	2380	2240
Zunahme i. g.	800	1290	1240	1215
Trockenfuttersubstanz je 100 g Zunahme	593	416	478	432
Verwertungszahl	405	263	335	291

* Die Versuche wurden nur mit wenigen Tieren durchgeführt und erfordern eine Wiederholung.

Auch in den Ländern mit intensiver Kaninchenhaltung, wie Frankreich, Dänemark und England, wird die Fütterung mit hochwertigen Pellets zur Erreichung eines guten Masterfolges durchgeführt.

Die im Institut für Tierzucht der Friedrich-Schiller-Universität Jena mit einer bedeutend größeren Tierzahl durchgeführten Leistungsprüfungen bei eiweißreicher Fütterung ergaben folgende Ergebnisse:

Rasse	Tierzahl	8 Wochen-gewicht	Mastgewicht nach 20 Wochen		Nährstoff-verwertung
			i. g.	in % des Muttergewichtes	
Schwarzloh	17	956	2046	71,8	454
Marburger Feh	20	1156	2610	84,7	442
Klein-Chinchilla	33	1190	2692	99,0	436
Weiße Wiener	16	1605	3357	86,8	419
Groß-Chinchilla	11	1517	3276	71,1	465
Deutsche Riesen	16	1440	4439	68,0	317

3.2.1. Futterbedarf

Eine Häsin benötigt bei viermaliger Zuchtbenutzung mit 20 aufgezogenen und gemästeten Jungtieren: 120–170 kg Kraftfutter, 60 kg Heu und 600 kg Grün- und Saftfutter.

Diese Futtermenge setzt sich zusammen aus dem Bedarf der Zuchthäsin, der bei 20 kg Kraftfutter, 20 kg Heu und 200 kg Grün- und Saftfutter liegt, und dem Mastfutterbedarf der Jungtiere, der je Tier 5–7,5 kg Kraftfutter, 2 kg Heu und 20 kg Grün- und Saftfutter beträgt. Aus diesem Futter können also insgesamt 50–60 kg Fleisch (Lebendgewicht) erzeugt werden.

3.3. Die Sterblichkeit

ist in der Kaninchenhaltung z. Z. noch verhältnismäßig hoch. Aus der Kaninchen-Mastleistungsprüfung Favrholm in Dänemark wird berichtet, daß 1950/51 46% aller zur Mastprüfung eingesandten Tiere verendeten. 1954/55 betrugen die Verluste allerdings nur noch 16%. Dieser Rückgang der Verlustrate ist auf den Einsatz von Antibiotika und Sulfonamiden zurückzuführen. So werden je Tier und Tag 4 bis 5 g Aureomycin und je Futtereinheit 200 mg Sulfathenpyrazin als Vorbeugungsmittel gegen Kokzidiose und Verdauungsstörungen gegeben. Eigene Erfahrungen mit Sulfonamiden in der Bekämpfung der Kokzidiose sind ungünstig. Den hohen Kosten dieser Präparate steht eine verhältnismäßig geringe Wirkung gegenüber. Es ist zu erwägen, ob nicht von einem bestimmten Alter an die Tiere auf Drahtböden gehalten werden sollten, so daß sie mit ihrem eigenen Kot nur wenig in Berührung kommen. Nach unseren Schätzungen belaufen sich die Verluste im Landesdurchschnitt von der Geburt bis zur Schlachtreife auf 25–30%. Rechnet man dann die Verwerfungen und Totgeborenen hinzu, erreichen wir annähernd 50%.

4. Rassen

Für die rationelle Kaninchenmast verwenden wir in erster Linie unsere mittelschweren Rassen: 1. Weiße Wiener; 2. Helle Großsilber; 3. Blaue Wiener.

Diese Rassen haben bis zum Alter von 4–5 Monaten einen günstigen Zuwachs und eine vorteilhafte Futterverwertung.

Im Interesse der Fell- und Haarverarbeitung für vielfältige Zwecke sollte die Zucht weißer Rassen (Weiße Wiener) bevorzugt werden.

5. Arbeitsproduktivität

Bei den derzeitigen Haltungs- und Fütterungsmethoden errechnete Männel in Blumberg einen Arbeitsaufwand von 26 Std./Tier/Jahr. Es könnten demnach von einer Arbeitskraft täglich nur 100–120 Tiere betreut werden.

Wenn gegenwärtig Versuche durchgeführt werden mit dem Ziel, die Arbeitsproduktivität der Kaninchenfleischproduktion wesentlich zu erhöhen – die Anfänge in den westeuropäischen Ländern mit der Einführung von Drahtkäfigbatterien mit automatischen Fütterungs- und Tränkeeinrichtungen sind sehr vielversprechend –, so ist das sehr begrüßenswert. Möglicherweise kann man durch derartige Maßnahmen 1000 bis 2000 Masttiere von einer Arbeitskraft betreuen lassen.

6. Möglichkeiten zur stärkeren Entwicklung der Kaninchenfleischproduktion

6.1. Auf der Basis der individuellen Kleinhaltung ist eine sinnvolle Verwertung der Küchen- und Gartenabfälle sowie von absolutem Kaninchenfutter möglich, das an Weg- und Grabenrändern zu finden ist. Diese Futtermittel fallen in relativ kleinen Mengen an und müssen in einwandfreiem Zustand verfüttert werden. Ihre Verfütterung erfordert einen hohen Arbeitsaufwand. Um den Rückgang in dieser Betriebsform aufzuhalten und ihre Produktion wesentlich zu erhöhen, wäre es zweckmäßig, den Kaninchenhaltern staatlicherseits folgende Vergünstigungen zu schaffen:

1. Angleichung des Kaninchenfleischpreises an den des Geflügelfleisches
2. Schaffung einer progressiven Qualitätsbewertung der Felle (namentlich der weißen) bei gleichzeitiger Erhöhung des gesamten Preisniveaus für Felle
3. Möglichkeit des Erwerbs von Kraftfuttermitteln und Streustroh auf Grund einer Ablieferungsprämienordnung.

Im Ergebnis dieser Maßnahmen könnte erreicht werden, daß Kaninchenfleisch auf dem Markt angeboten und das Aufkommen an Fellen wesentlich erhöht wird.

6.2. Auch in Großhaltungen ist nach den Erfahrungen der Sowjetunion, Dänemarks, Englands u. a. Länder die Erzeugung von Kaninchenfleisch und -fellen möglich. Eine Verwertung von Abfällen jeder Art und anderem Grünfutter ist jedoch in diesen Betrieben auf Grund der leichten Verderbnis derartiger Futtermittel, der Futterempfindlichkeit der Kaninchen und des sehr hohen Arbeitsaufwandes abzulehnen. Die Fütterung der Tiere, die in derartigen Betrieben in Drahtmastbatterien ähnlich den Legehennenbatterien untergebracht werden, sollte über Futterband oder Automaten erfolgen, die mit pelletiertem Futter beschickt werden.

Eine Unterbringung der Jungtiere in Tieflaufställen und größeren Herden erscheint auch vorteilhaft, nur sollte man hier die Geschlechter trennen und die Rammler möglichst kastrieren. Bei dieser Haltungsform sind jedoch durch die enge Berührung der Tiere mit dem Kot Infektionen und damit erhebliche Bestandsverminderung möglich. In derartigen Betrieben können größere Tierzahlen von den Arbeitskräften betreut werden, und die Kosten für den Arbeitsaufwand werden niedriger. Durch hochwertige Fütterung wird ein schnellerer Mastumtrieb erreicht, und die Mastkapazität kann mit einer sehr hohen Tierzahl genutzt werden. Die Sterblichkeit und die Verlustquote verringern sich erheblich mit der steigenden Qualität der Futtermittel durch Beigabe gesundheitsfördernder Zusätze. Die im Ausland gewonnenen Erfahrungen sollten unter unseren Verhältnissen überprüft werden; vermutlich wird sich bei uns aber in absehbarer Zeit eine Kaninchenhaltung im Großbetrieb nicht durchsetzen. Das Kaninchen wird weiterhin vorzugsweise Bestandteil des individuell gehaltenen Viehs sein.

6.3. Durch die Einführung von Kaninchenmastleistungsprüfungen und die Bewertung der Kaninchen in den Zuchtbetrieben nach bestimmten Leistungsmerkmalen wird eine leistungsmäßige Konsolidierung des zur Verfügung stehenden Zuchtmaterials erreicht.

Zu beurteilende Leistungsmerkmale der Kaninchen:

a) absolutes Körpergewicht,
b) Schnellwüchsigkeit der Mutter und der Nachkommen,
c) Ausprägung des Geschlechtstyps,
d) Körperbau, breites Becken, gute Beinstellung bei kräftiger Muskulatur,
e) Gewichtsverlauf der Häsin während der Trächtigkeits- und Säugezeit,
f) Fruchtbarkeit und Säugeleistung,
g) Krankheitsanfälligkeit und Sterblichkeit der Nachkommen,
h) Vergleichende Beobachtung des Wachstums der Würfe,
i) Futterverwertung,
k) Ausschlachtungsergebnis von Jungtieren,
l) Fellprüfung.

Es ist notwendig, so schnell wie möglich mit vororientierenden Untersuchungen zu beginnen.

Zusammenfassung

Das Kaninchen ist ein nicht zu unterschätzender Fleisch- und Fellieferant. Auf Grund der verbesserten Lebenshaltung unserer Bevölkerung ist die Kaninchenhaltung in den letzten Jahren zurückgegangen.
Während im Jahre 1950 insgesamt 9,23 Mill. Stück Kaninchen gezählt wurden, waren es im Jahre 1959 noch 3,1 Millionen Tiere.

Für das Jahr 1959 wurde folgender Erzeugungswert der erzeugten Kaninchenprodukte errechnet:

8 Mill. Schlachtkaninchen	à 1,5 = 12 Mill. kg Fleisch	40,0 Mill. DM
8 Mill. Felle	à 1,0	8,0 Mill. DM
70000 kg Wolle	(1 kg = 30,00)	2,1 Mill. DM
4 Mill. dt Dung	(1 dt = 1,00)	4,0 Mill. DM
		54,1 Mill. DM

Die Kaninchenzucht wird als reiner Nebenerwerb betrieben. Insgesamt 96,3% aller Züchter besitzen einen Garten oder ein Siedlungsgrundstück, nur 3,7% der Kaninchen werden von Menschen gehalten, die keine eigene Futtergrundlage für die Tiere besitzen.

Zur Steigerung der Kaninchenerzeugung wird vorgeschlagen, das Kaninchenfleisch preislich dem Geflügelfleisch anzugleichen, eine progressive Qualitätsbewertung der Felle bei gleichzeitiger Erhöhung des Preisniveaus vorzunehmen und eine Möglichkeit des Erwerbes von Kraftfuttermitteln und Stroh auf Grund einer Ablieferungsprämienordnung zu schaffen.

Es sollen besonders die mittelschweren Rassen einschließlich Angoras verbreitet werden.

Durch die Einführung von Kaninchenmastleistungsprüfungen wird eine leistungsmäßige Konsolidierung des Zuchtmaterials erreicht.

Untersuchungen über die Massenhaltungen der Kaninchen mit Automatenfütterung nach den Erfahrungen der UdSSR, Englands etc. sind anzustellen.

Bericht über den Stand des Seidenbaues in der Deutschen Demokratischen Republik

0. Die Entwicklung und Bedeutung des Seidenbaues

Der in der Deutschen Demokratischen Republik betriebene Seidenbau ist ein Nebenerwerbszweig auf der Grundlage der seit über 400 Jahren in Deutschland kultivierten Maulbeerbestände.

Die Nutzung der Maulbeerbestände zur Kokonerzeugung erfolgte nach 1945 auf Veranlassung der Sowjetischen Militäradministration durch Erlaß des SMAD Befehls 65 vom 21. 3. 1947. In diesem Befehl wurde der VEB Mitteldeutsche Spinnhütte als alleiniger Erfassungs- und Verarbeitungsbetrieb verpflichtet.

Abb. 8: Futterschnitt an der Maulbeerhecke

Durch die 1951 erlassene Verordnung zur Förderung des Seidenbaues (Ges.-Bl. Nr. 132) und die Änderung dieser Verordnung von 1953 (Ges.-Bl. Nr. 134) wurde die Erhaltung und Pflege der Maulbeeren festgelegt.

Nach der Obstbaumzählung von 1956 wurde ein Bestand von 4 Millionen Maulbeerpflanzen festgestellt, von denen jetzt mit Sicherheit mindestens noch 3 Millionen vorhanden sind.

Die Maulbeerbestände sind vorwiegend kommunale Anlagen, die in Form von Hecken an Straßen und Plätzen und in Kleingartenanlagen stehen. Die Inanspruchnahme von landwirtschaftlicher Nutzfläche entfällt, da plantagemäßige Anpflanzungen in der DDR nicht vorgenommen werden.

Ertragswert
1000 Maulbeerpflanzen ermöglichen:
Brutauslage 10 g
Kokonerzeuggng 13 kg

Barertrag	156,– DM	(mit Rücklaufware)
Abzusetzen sind für Dünger und Pflege	82,– DM	
Wert für 1000 Maulbeerpflanzen	74,– DM	
Wert für 3000000 Maulbeerpflanzen	222000.– DM	

Die vorhandenen Maulbeersträucher haben bei einer Nutzungsdauer von 30 Jahren einen Ertragswert von 6,7 Millionen DM und stellen eine Rohstoffquelle für die Erzeugung von jährlich 45 t Frischkokons dar. Der Verkaufswert der aus dieser Kokonmenge hergestellten naturseidenen Gewebe würde ca. 2 Millionen DM betragen.

Entwicklung des Seidenbaues in der DDR seit 1947

Jahr	Zahl der Seidenbauer	Kokonertrag in t	Rendite (Kokonertrag aus 1 g Brut)
1947	895	7,438	702
1948	1442	12,508	912
1949	1848	15,591	892
1950	2117	23,777	1264
1951	2668	20,399	962
1952	2258	20,233	915
1953	2487	26,432	1007
1954	2220	26,088	1266
1955	2226	26,191	1243
1956	1784	18,765	1277
1957	1057	10,585	1080
1958	989	10,953	1136
1959	707	8,000	1198
1960	571	5,970	1209
1961	495	4,639	1250

An diesen Kokonerträgen sind 3 Rassen beteiligt, und zwar der Gelbspinner mit ca. 95%, der Weißspinner mit ca. 4,5% und der Goldspinner mit ca. 0,5%. Die Bevorzugung des Gelbspinners bei den Aufzuchten ergibt sich aus der Tatsache, daß er am besten den in der DDR herrschenden Klima- und Witterungsbedingungen angepaßt ist und relativ sichere Erträge liefert.

Die Leistungsfähigkeit der Gelbspinner ist nicht zuletzt auf die züchterische Arbeit des Instituts für Seidenbau, dem diese als alleinige Stelle in der DDR obliegt, zurückzuführen. Durch strenge Selektion der 1946 übernommenen unausgeglichenen Industriebrut auf Vitalität, Kokongröße und Seidenreichtum wurden im Laufe der Jahre eine Reihe von Linien und Stämmen entwickelt. Durch Linien- und Stammkreuzungen wird seit 1959 Hybridbrut erzeugt, die als Industriebrut zur Ausgabe gelangt.

Abb. 9: Junge Pioniere bei der Ernte der Seidenspinnerkokons

Nachdem 1956 die Geschlechtertrennung bereits im Puppenstadium der Seidenspinner durchgeführt worden ist, kann nunmehr die gesamte Industriebrut als Kreuzungsbrut ausgegeben werden.

Die Prüfung der Stämme und Hybriden auf ihre Eignung für die praktische Aufzucht, vor allem auf ihre Vitalität und Leistungsfähigkeit unter verschiedenen klimatischen Bedingungen, wird im Institut sowohl in Klimaräumen als auch in einem neuentwickelten Seidenraupen-Offenstall durchgeführt. Als Zeichen des Erfolges dieser Arbeiten ist die Tatsache zu werten, daß die durchschnittlichen Erträge aus 1 g Brut im Republikmaßstab seit 1947 von 702 g auf 1250 g im Jahre 1961 angestiegen sind.

Die erzeugten einheimischen Kokons sind nach den im Institut für Seidenbau und in der Mitteldeutschen Spinnhütte in Plauen durchgeführten biologischen und technologischen Eigenschaftsprüfungen im internationalen Maßstab denen anderer Länder als durchaus gleichwertig zu bezeichnen.

1. Die Krankheiten der Seidenraupen

Es sind in Europa im wesentlichen zwei Krankheiten, die auch die Seidenraupenaufzucht in der DDR in jedem Jahr ernstlich bedrohen, die Gelbsucht (Viruskrankheit) und die unter dem Begriff Schlaffsucht zusammengefaßten Erscheinungsformen einer Reihe von Erkrankungen bakteriellen Ursprungs oder ernährungsphysiologischer Störungen. Die Stärke des Auftretens dieser Krankheiten ist in beiden Fällen von Umwelteinflüssen (Aufzuchtraum, Witterungsbedingungen) abhängig. Zu ihrer Bekämpfung und Verhütung sind vom Institut für Seidenbau Aufzuchtmethoden entwickelt worden, die durch eine Reihe von Merkblättern der Praxis bekanntgegeben wurden. Durch spezielle Mitteilungen werden von Zeit zu Zeit die Seidenbauer auf die erforderlichen Maßnahmen der Seuchenverhütung und -bekämpfung hingewiesen. Die Flecksucht, die sich vor rund 100 Jahren einmal zur Weltseuche im Seidenbau auszuweiten drohte, ist durch die richtungsweisenden Maßnahmen Pasteurs — Falterisolierung in Pergamentbeuteln mit nachfolgender mikroskopischer Untersuchung der Elternpaare — so gut wie ausgerottet worden. Die große Gefahr der außerordentlich schnellen Ausbreitung der Seuche macht jedoch heute noch eine regelmäßige Reihenuntersuchung sämtlicher zur Zucht verwendeten Falter erforderlich.

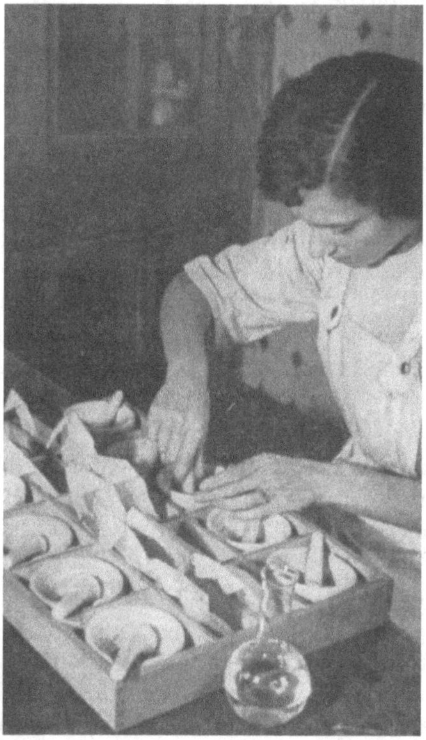

Abb. 10: Herstellung der Präparate zur Falteruntersuchung auf Seuchenfreiheit

2. Die Brutgewinnung und Organisation des Seidenbaues

Die Brutgewinnung ist in der DDR wie in allen seidenbautreibenden Ländern einem speziellen staatlichen Institut übertragen, das die Aufgabe hat, die Reproduktionsarbeiten (Zuchtwahl, mikroskopische Untersuchung der Falter, Brutgewinnung, Bebrütung, Brutdesinfektion) durchzuführen. Die Zahl der Falteruntersuchungen richtet sich nach der Höhe der zu gewinnenden Brutmenge. So waren für die im Jahre 1956 vorgesehene Erzeugung von 33 kg Seidenspinnerbrut 106466 Falterpaare isoliert worden. Die anschließende mikroskopische Untersuchung der einzelnen Falterpaare ergab einen Nosemabefall, der mit 0,66% in der Nähe des langjährigen Mittels lag. Bakterienbefall wurde bei 17 Elterntieren festgestellt, wozu noch Ausfälle durch unbefruchtete Gelege in Höhe von 1107 Paaren kamen. Somit entfallen auf 1 gesundes Falterpaar 0,316 g Brut, was besagt, daß für die Erzeugung von 1 g Brut 3 Falterpaare ausgesetzt werden müssen.

Die Organisation des Seidenbaues und die Betreuung der Seidenbauer lag anfangs in den Händen von 9 und ab 1956 von 5 Instrukteuren der Zentralstelle für Tierzucht bzw. der VdgB, deren Tätigkeit mit Ablauf des Jahres 1958 beendet wurde. Den Instrukteuren stand in jedem Kreis ein ehrenamtlich tätiger Obmann zur Seite.

Die Entwicklung des Seidenbaues verlief bis 1955 positiv. Durch die ab 1956 einsetzende rückläufige Entwicklung in der Kokonerzeugung war der VEB Mittel-

Abb. 11: Freilandaufzuchthütte für Seidenraupen

deutsche Spinnhütte nicht mehr in der Lage, seine Planauflage in Naturseide zu erfüllen. Hierdurch machte sich eine Stellungnahme der Staatlichen Plankommission, Abt. Leichtindustrie, erforderlich. Die Entscheidung der Staatlichen Plankommission vom 14. 5. 1959 ging dahin, daß die Produktion von Naturseide aufrechtzuerhalten und der Stand von 1956 wieder zu erreichen ist. Aus diesem Grunde erhielt nach mehrmaliger Umorganisation das Institut für Seidenbau Jena am 21. 5. 1959 vom Ministerium für Land- und Forstwirtschaft den Auftrag, in Zukunft für die Anleitung der Seidenbauer zu sorgen, nachdem bereits am 2. 11. 1946 die Zentralverwaltung für Land- und Forstwirtschaft die Gründung der Seidenbau-Nachzuchtstation, des jetzigen Instituts für Seidenbau, mit dem Aufgabengebiet Brutgewinnung und Seuchenbekämpfung für das gesamte Gebiet der DDR veranlaßt hatte.

In allen seidenbautreibenden Ländern erfährt dieser Wirtschaftszweig staatliche Förderung. Besonders ist dies in den benachbarten sozialistischen Ländern und vor allem in der UdSSR der Fall, weil der Seidenbau auf Grund seiner ausgesprochenen Saisongebundenheit sonst zum Erliegen käme, was volkswirtschaftlich unzweckmäßig wäre.

Das Institut für Seidenbau, dem die Betreuung der Züchter obliegt, führt einen regen Schriftwechsel mit den Arbeitsgemeinschaften der Seidenbauer, Pionierorganisationen, Schulen und Räten der Kreise. Jährlich verlassen durchschnittlich 2330 Schreiben, die der Beratung und Betreuung der Züchter dienen, und Hinweise zur Durchführung des Seidenbaues das Institut. Die Zahl der Seidenbauer, die praktisch Seidenbau betreiben, schwankt dabei in den verschiedenen Jahren zwischen 500 und 1000. Die Verbindung wird jedoch mit allen Seidenbauern aufrecht erhalten. Dabei beträgt die Zahl der Seidenbauer, die mehr als 10 Jahre mitarbeiten, 101, worunter sich viele Schulen und Pionierorganisationen befinden.

Der sozialistischen Arbeitsgemeinschaft Seidenbau gelang es, die Mitarbeit der Schulen und Pionierorganisationen im Rahmen der polytechnischen Erziehung zu erweitern. Diese Bemühungen sind vorläufig noch örtlich begrenzt. Es fehlt an der notwendigen Einbeziehung in die Lehr- und Arbeitspläne.

Ein Zusammenschluß der Seidenbauer im Zentralverband der Kleingärtner, Siedler und Kleintierzüchter konnte bisher nicht vorgenommen werden, da seitens des Zentralverbandes die Bildung einer speziellen Sparte Seidenbau abgelehnt worden ist, obwohl von den Seidenbauern der Wunsch geäußert wurde und den Tätigkeitsmerkmalen entsprechend diese Organisation in Betracht kommt.

Forschungsarbeit wurde auf dem Gebiet des Seidenbaues seit 1951 betrieben mit den Hauptzielen der Krankheitsbekämpfung und der Steigerung der Wirtschaftlichkeit der Rassen und Linien.

Der Einwand der zu teuren Erzeugung von Seidenspinnerkokons im Inland ist insofern nicht gerechtfertigt, als die Erzeugung von einem Personenkreis aus der nichtberufstätigen Bevölkerung, also nebenberuflich durchgeführt wird.

Es wird vorgeschlagen, daß die sehr bescheidenen Mittel, die zur Aufrechterhaltung der Erzeugung von Naturseide benötigt werden, weiterhin von den Räten der Kreise bzw. Bezirke bereitgestellt werden. Dadurch kann die vorhandene Rohstoffquelle, 3 Millionen Maulbeeren, die eine Produktionsreserve darstellt, volkswirtschaftlich genutzt werden. Da es sich beim Seidenbau um eine nebenberufliche Tätigkeit handelt, bzw. bei den Züchtern um Menschen aus der „nichtberufstätigen Bevölkerung", wird auf diese Weise das Nationaleinkommen erhöht.

Veröffentlichungen über die Forschungsergebnisse auf dem Gebiete des Seidenbaues erfolgen im wesentlichen durch das „Archiv für Geflügelzucht und Kleintierkunde". Zur Information der praktischen Seidenbauer werden vom Institut die „Mitteilungen für Seidenbauer" herausgegeben, die in zwangloser Folge erscheinen. Internationale Literatur wird von einem Mitarbeiter im Auftrage des „Landwirtschaftlichen Zentralblattes" übersetzt und referiert. Es bestehen Austausche von Sonderdrucken mit verschiedenen Ländern des sozialistischen und kapitalistischen Auslandes.

Zusammenfassung

Der in der DDR betriebene Seidenbau ist ein Nebenerwerbszweig auf der Grundlage der seit 400 Jahren in Deutschland kultivierten Maulbeerbestände. Die Nutzung der Maulbeerbestände erfolgte nach 1945 auf Veranlassung der SMAD (21. 3. 1947).
Durch die 1951 und 1952 erlassenen Verordnungen (Gesetzblat Nr. 132 und 134) über die Förderung des Seidenbaues wurde die Erhaltung und Pflege der Maulbeeren festgelegt. Gegenwärtig sind noch ca. 3 Millionen Maulbeerpflanzen vorhanden, die vorwiegend in kommunalen Anlagen und Kleingärten stehen. Die Inanspruchnahme landwirtschaftlicher Nutzflächen entfällt.
Die vorhandenen Sträucher haben bei einer Nutzungsdauer von 30 Jahren einen Ertragswert von 6,7 Mill. DM, sie stellen eine Rohstoffquelle für die Erzeugung von jährlich 45 t Frischkokons dar. Der Verkaufswert der aus dieser Kokonmenge hergestellten naturseidenen Gewebe würde ca. 2 Millionen betragen.
Im Jahre 1950 waren 2117 Seidenbauer vorhanden, die 23,8 t Kokons erzeugten, im Jahre 1961 gab es in der DDR nur noch 495 Seitenbauer mit einer Gesamtproduktion von 4,6 t Kokons.
Die Entwicklung des Seidenbaues verlief in der DDR bis 1955 positiv. Die mit der Verarbeitung der Kokons beauftragte Mitteldeutsche Spinnhütte Plauen war seit diesem Zeitpunkt jedoch nicht mehr in der Lage, die Planauflage in Naturseide zu erfüllen. Die Entscheidung der Staatlichen Plankommission vom 14. 5. 1959 ging dahin, daß die Produktion von Naturseide aufrecht zu erhalten und der Stand von 1956 wieder zu erreichen ist.
Aus diesem Grunde erhielt nach mehrmaliger Umorganisation das Institut für Seidenbau Jena im Jahre 1959 vom Minister für Land- und Forstwirtschaft den Auftrag, die Anleitung der Seidenbauer zu übernehmen, nachdem es bereits am 2. 11. 1946 von der Zentralverwaltung als damalige Seidenbau-Nachzuchtstation mit der Brutgewinnung und Seuchenbekämpfung für das gesamte Gebiet der DDR betraut worden war. In allen seidenbautreibenden Ländern, besonders in der UdSSR, erfährt dieser Wirtschaftszweig staatliche Förderung, weil er sonst auf Grund seiner ausgesprochenen Saisongebundenheit zum Erliegen käme, was volkswirtschaftlich unzweckmäßig wäre.
Die Werbung von Menschen zur Mitarbeit im Seidenbau war stets dort erfolgreich, wo seitens der Räte der Kreise die Mittel für die Betreuung der Seidenbauer durch ehrenamtliche Kreisobleute zur Verfügung gestellt wurden.
Der sozialistischen Arbeitsgemeinschaft Seidenbau gelang es, die Mitarbeit der Schulen und Pionierorganisationen im Rahmen der polytechnischen Erziehung zu erweitern. Diese Bemühungen sind jedoch noch örtlich begrenzt. Ein Zusammenschluß der Seidenbauer im Zentralverband der Kleingärtner wäre zweckmäßig, da den Tätigkeitsmerkmalen entsprechend keine andere Organisation in Frage kommt.

Der Einwand der zu teuren Erzeugung von Seidenspinnerkokons im Inland ist insofern nicht gerechtfertigt, als die Erzeugung von einem Personenkreis aus der nichtberufstätigen Bevölkerung — also nebenberuflich — durchgeführt wird und Reserven genutzt werden. Auf diese Weise wird unser Nationaleinkommen erhöht. Es wird vorgeschlagen, daß die bescheidenen Mittel, die zur Aufrechterhaltung der Naturseideproduktion benötigt werden, weiterhin von den Räten der Bezirke bzw. Kreise bereitgestellt werden.

Gesamtzusammenfassung

Es wird ein Bericht über die Entwicklung und den gegenwärtigen Stand der Kleintierzuchtzweige Bienenzucht, Edelpelztierzucht, Ziegen- und Kaninchenzucht sowie Seidenraupenzucht in der DDR gegeben.
Im einzelnen werden unter anderem Erörterungen über die volkswirtschaftliche Bedeutung, die Entwicklung und Leistungen der Tierbestände, über Fragen der Organisation sowie der Forschung und Lehre angestellt. Darüber hinaus sind Maßnahmen angeführt, die nach Meinung der Arbeitsgemeinschaft Kleintierzucht der Deutschen Akademie der Landwirtschaftswissenschaften zu Berlin zur Leistungssteigerung führen.
Übereinstimmend wird festgestellt, daß die Kleintierzucht nach wie vor für die Versorgung der Bevölkerung mit Nahrungsmitteln und Rohstoffen von großer Bedeutung ist.

Final Summary

A report is presented on the present situation as well as on the development in the GDR of the following fields of small animal husbandry: apiculture, fur-breeding, goat-breeding, rabbit-breeding, and sericulture. Problems such as the importance within the national economy of the aforementioned subjects, development of the animal stocks as well as results obtained from them, organizational questions, research and instruction are discussed in detail. Furthermore, measures are mentioned which, in the opinion of the working community "Small Animal Husbandry" of the German Academy of Agro-Science, will lead to an improvement of results. By summing up the points mentioned the conclusion is drawn that small animal husbandry still remains of great importance for the supply of the population with foodstuffs and raw materials.

Обобщение

Дается отчет о состоянии и развитии в ГДР пчеловодства, звероводства, козоводства и кролиководства, а также шелководства. В частности, обсуждаются народнохозяйственное значение, развитие и продуктивность имеющегося поголовья, вопросы организации, а также вопросы исследования и науки. Кроме того предлагаются мероприятия, которые по мнению рабочей группы „мелкое животноводство" Немецкой академии сельскохозяйственных наук приведут к повышению продуктивности. В заключение делается вывод, что мелкое животноводство по-прежнему имеет большое значение для снабжения населения продуктами питания и сырьем.

81027

Zeitfracht Medien GmbH
Ferdinand-Jühlke-Straße 7
99095 Erfurt, Deutschland
produktsicherheit@kolibri360.de